Consciousness Demystified

Todd E. Feinberg
Jon M. Mallatt

意識の神秘を暴く

脳と心の生命史

トッド・E・ファインバーグ
ジョン・M・マラット ［著］
鈴木大地 ［訳］

勁草書房

はじめに

地球上に生まれた生命。その歴史のどこかの時点で、意識を備えた動物は、意識を備えていないもっと単純な動物から進化した——。意識を研究する科学者の大半が、この見解を支持するでしょう。にもかかわらず、さまざまな分野の学者たちが、意識にはほかのものとはどこか根本的に異なる何かがあると主張してきました。三人称視点の**客観的**★な実在とはちがって、物質としての脳内**ニューロン**★と（見かけ上では）物理的な実体のない経験との間には、橋渡しできなそうな「ギャップ」があるように思えてくるのです。

前書『意識の進化的起源』（勁草書房、二〇一七年）で私たちは、「どの動物が意識を備えているのか」そして「いつ意識が進化したのか」について重点的に論じました。ひるがえって本書では、「意識とは何か」という問題に、そして先ほど述べた、**客観的に観察される**生物学的器官としての脳と「その脳で引き起こされる」**主観的**★経験との間にある、意識を説明するうえで一見すると橋渡ししがたいギャップに焦点を当てます。

主観的で一人称的な、経験するものとしての意識が、自然現象としての脳のプロセスからどのように生みだされるのか、また自然な経緯をたどってどのように進化してきたのか？　現在明らかになっている脳内メカニズムからでは説明のつかない**かのように思われる**主観的経験が、実際のところ自然現象としてどう説明できるのか？　意識の神秘をめぐっては論争が渦巻いていますが、本書ではこうした疑問を解き明かしていきましょう。**神経生物学的自然主義**★と呼んでいる私たちの理論は、〔哲学者〕ジョン・サールの**生物学的自然主義**★を独自に発展させて磨き上げたものです。主観的経験は**たしかに特別**（ユニーク）ではありますが、主観的経験がどう生みだされるのか説明するのに（物理的であれ非物理的であれ）新しい未知の力に訴える必要はありません。このことを明らかにするのが本書のねらいです。また意識は生命と強く結びついていると考えられます。意識という特徴は、生きている動物体で進化したのですから。

　この六年ほど、私たちは「意識とは何か」という問題と意識の進化に関する科学的著作を数多く執筆してきました。本書は、これまで明らかにした主要な研究成果をもとに、そのエッセンスを濃縮してまとめたものです。また専門的な委細をできる限り割愛し、「意識がどのように解き明かされるのか」という問題に重心を置いています。そうすれば、読者のみなさんが「意識とは何か」について掘り下げて理解しやすくなるでしょう。またその助けとなるように、重要な専門用語や概念をまとめた用語集を巻末につけました。

　前書での探求から数年。その間に出版された科学的文献で明らかになった知見をもとに、私たちの見解は本書で補強、アップデートされています。たとえば**情感**★（情動にともなう「感じ」〔気持ち

feeling）に関与する神経回路の理解は今ではより深まっています。意識のもう片方の重要な側面、つまり地図として表象（脳内で表現）された心的イメージ★を作りだして経験することにかかわる神経回路は少なくとも三〇年前には解明され始めていたので、情感に関する知見がイメージ★に関する知見に追いつきつつあるのは心が躍ります。

本書を書いた第一の目的は単純明快です。意識の神秘を暴き、自然現象として説明することです。これを達成するために、哲学的でややこしい意識の特性にまっこうから挑んで生命の性質のなかに位置づけ、「いつ」「なぜ」主観性が進化し「どのように」経験が生みだされるのかを明らかにしようと思います。

謝辞

マウント・サイナイ・アイカーン医科大学に勤める画家ジル・グレゴリーに対し、本書のために立派な挿絵を描いていただいたことに感謝します。メディカルイラストレーターの経験を積んだ動物画家として傑出しており、カラー図版〔本訳書では割愛、訳者あとがき参照〕も実に見事です。

トッド・ファインバーグから、素敵な妻であり最高の友人、相棒として常に変わらないマーレーンに、そしていつも刺激を与えてくれる娘のレイチェル、息子のジョシュ、孫のジェイクに感謝します。ジョン・マラットから、献身的でいつまでも若々しい妻のマリサ・デロサントスに対し、いつも支えて手助けしてくれていることに、また娘のジャスティンの日頃からの大きな愛情に感謝します。

出版に関しては、とくにフィル・ローグリンに感謝いたします。意識に関する私たちの二冊めの書籍である本書の企画をマサチューセッツ工科大学出版局に持ちこみ、手際よく査読プロセスに乗せていただきました。また匿名の四名の査読者に対しても、本書をまた少しちがった視点から書き直し、論理や構成を明確にする手助けとなる指摘をいただいたことに感謝いたします。制作編集担当のジュディス・フェルドマン、校閲担当のウィリアム・G・ヘンリーのふたりに恵まれたのも、たいへん幸運なことです。

意識の神秘を暴く——脳と心の生命史

目次

凡例

- 訳注を〔　〕で示し、原著者による補足は［　］で示した。また「感じ」〔feeling〕、「気づき」〔awareness〕など、日常語との区別のため、あるいは文中のほかの語との区切りを明確にするために「　」を付した語もある。
- 原著者による強調は、**ゴシック体**で示した。
- 用語集に掲載されている語については、各章の初出時に★**太明朝体**で示した。図表より本文中の初出を優先した。同時に原著者により強調されていた場合は、ゴシック体を優先した。
- 専門用語や書名などについて、一般的な訳がない場合や訳の揺れがある場合、文脈から定訳とは異なる訳をした場合、また元の単語がないと文章が成り立たない場合などに、適宜に原語を〔　〕内に併記した。
- 引用文は、既訳を参考にしつつ新たに訳した。参考にした既訳は、引用文献一覧で邦訳文献として併記した。
- 欧米人名は本文中ではカタカナ、引用文献では欧字表記とした。
- 生物種名は、ある程度の知名度があると判断した種ではカタカナでのみ表記した。そのほかの種では学名で表記し、〔　〕内にカタカナ表記を付した。慣習にしたがい（古典式の）ラテン語読みを原則としたが、学名のカタカナ表記にはばらつきがあるため、参考程度であることに留意されたい。
- 「コンピューター」などの技術用語は、語尾の長音を省略せずに表記した。

第1章　どうして意識は「神秘に包まれて」いるのか？

意識をほかの生命現象と比べると、どこか変わったところや正体不明なところがありそうに思えてきます。意識にはたしかにほかの生命現象との違いがたくさんあることは認めましょう（この違いについては、のちのち説明していきます）。しかし生物学的プロセス（＝生命現象）自体にも、自然界の非生物学的な現象と比べると特別《ユニーク》（固有）な点が数多くあることにも目を向けるべきです。

進化生物学者のエルンスト・マイアは著書『生物学が特別《ユニーク》なわけ』で、科学のなかでたしかに生物学だけに（使われるような）**特別**な性質や機能が生命には備わっていると述べています。[注1] すなわち、生殖、暗号化《コード》された情報、代謝、環境への**適応**★などです。生命にはこうした「特殊《スペシャル》」で特別《ユニーク》な性質があるにもかかわらず、すべての生命現象は自然現象として説明できるという合意が生物学者の間で得られています。

マイアが説くように、何百年もの長きにわたって学者たちは生命に神秘を見いだし、根源的な

「生命力」が存在すると考える者も大勢いました。この生命力が物質に生命を吹き込むとともに、発生中の胚を完全な人体へと作りあげるのだ、と。しかし二〇世紀になると生化学の理解が飛躍的に進み、生命力を信じる必要はすっかりなくなったのです。

生命の科学的基盤はもはや哲学的にも科学的にも神秘ではありません。ところがその一方で、意識（もっと具体的には**主観的経験**★）に関しては、**客観的**★に観察できる器官としての脳と、その脳が作りだす主観的経験の間の断絶は神秘に包まれ、橋渡しできないと考える科学者や哲学者は少なくありません。多くの学者たちには、客観的な脳と一人称的で主観的な意識経験の間に解き明かしがたい隔絶がいつも横たわっているように見えているのです。さらに生物学的現象一般、また**反射**★などの非意識的な脳機能は、すでにわかっている物理・化学・生物学的メカニズムで完全に説明できるのに対し、意識にはややこしい特性が現れ、従来の科学的説明に抗います。つまり、脳内**ニューロン**★と主観的経験の関係を科学的に説明しようとしても、その方程式からは何かが「抜け落ちて」しまうのです。これが哲学者ジョセフ・レヴァインの名付けた、物理的な脳と、その脳が生みだす主観的経験の質的な面の間にある「**説明のギャップ**★」です。[注2]

本書でまず解き明かしたいと考えているのは、もっとも基本的な主観的感覚経験と脳との間にある「ギャップ」です。この感覚経験は、トマス・ネーゲルの有名な論文『コウモリであるとはどんな感じなのか〔コウモリであるとはどのようなことか〕』（一九七四年）で「〜であるとはこんな感じだ、という何か」と呼ばれています。

しかしどれほど姿が違っていようと、ある生物がまがりなりにも意識経験をもつという事実は、つまるところ、その生物であるとはこんな感じだ、という何かが存在するということを意味する。……基本的に、ある生物に意識をともなった心的状態があるのは、その生物であるとはこんな感じだ、という何か（その生物にとってこんな感じだ、という何か）が存在するとき、そしてそのときだけだ。これを経験の主観的特質と呼ぼう。[注3]

ここで言うような基本経験にはいろいろな呼び名があります。**感覚意識**[★]、**現象的意識**[★]、**原意識**[★]（一次意識 primary consciousness）、**知覚意識**[注4]などです。本書では「原意識」や「感覚意識」を使いましょう。原意識は内省（自己の精神を内面的にかえりみること）を必要としないので、自分の考えについて考えるような意識や、自意識といった、より進化した「高次」の意識と同じではありません。むしろ原意識は、少しでも経験を備える能力を単に指します。哲学者アンティ・レヴォンスオが次のように書いたとおりです。

何であれ単に経験が生まれたり存在したりすることが、現象的意識の必要条件であり最小限の十分条件である。現象的原意識をもつ存在に必要なのは、**自身に立ち現れる**、ほんの少しの何らかの主観的経験のありさまだけである（いかなるありさまであっても）。すなわち現象的原意識とは、単純であれ複雑であれ、あいまいであれ鮮明であれ、有意味であれ無意味であれ、移ろいやすくとも持続的であろうとも、つまりどのようなありさまであっても、純粋に主観的経験をもつことだけにかかわる意識なのである。[注5]

そうは言っても、こうしたもっとも基本的で始原的なかたちの意識を解き明かそうとするときでさえ、脳と主観的経験の間にはあいかわらず謎めいた断絶があるように思えます。本書の大目的は、このギャップを解き明かし「自然化」する（自然現象として説明する）ことにあるのです。

サールの生物学的自然主義

これまで幾多の哲学者や科学者が、脳と主観的経験の断絶を解き明かそうとしてきたのは言うまでもありません。とはいえ、私たちのアプローチは哲学者ジョン・サールを範としています。サールは生物学的自然主義[★][注6]というぴったりな呼称の理論で、「感じ」の意識状態はなんであれ脳と同一視したり脳に還元したりはできないと主張しています。「脳に還元する」とは、意識を脳の部分部分の機能ですっかり説明してしまうという意味です。サールによれば、それは不可能です。三人称的（客観的）な観察は一人称的（主観的）な経験をどうしても取りこぼしてしまうから――それがもともと解き明かしたかったはずのものなのに。

> 生物学上の脳には経験を作りだす驚異的な生物学的能力があり、そうした経験はヒトや動物といった主体に感じられるときにだけ存在する。このような一人称的で主観的な経験は、三人称的な現象を主観的経験に還元できないのと同じ理由から、三人称的な現象に還元することができない。また、ニューロンの発火も「感じ」に還元できないし、「感じ」もニューロンの発火に還元できない。どちらも問題となっている客観性あるいは主観性を取りこぼしてしまうであろうから。[注7]

それでもなお――一人称的経験と三人称的観察の間にあるこのギャップはいつも変わらず存在するのだとしても――心的現象はひとえに自然現象であり、脳内の神経生理学的なプロセスによって引き起こされるのだとサールは言います。

心的できごとや心的プロセスは、消化、有糸分裂、減数分裂、酵素の分泌、その他もろもろの生物学的プロセスと同じように、私たちに起こる生物学的自然史〔＝生命現象〕の一部となっている――これが、意識は「自然化」できるというサールの主張の主旨です。したがって意識についての科学的・哲学的な学説を完成させるには、まだ見つかっていない根源的な科学原理など必要ないのです。ただし、サールの仮定には基本的に賛同できる一方で、生物学周辺の科学分野のなかで意識が占める特殊な立ち位置にサールはちゃんと目を向けていないようにも感じられます。つまり意識をともなう脳に特別（ユニーク）な、どのような要因があれば、**主観性**★ほどの類（たぐい）まれなものがもたらされる原因となりうるのかについて考慮していないのです。こうしたことを解き明かさなければ、意識は哲学者にとっても神経科学者にとっても等しく神秘であり続けるにちがいありません。

神経生物学的自然主義──新たな総合理論

★神経生物学的自然主義[注8]という私たちの理論では、意識は完全なる自然現象だとする一方で、ほかの生命現象を説明するときとはちがう特別（ユニーク）な説明が必要であるとしています。この理論は自然界で主観性がなぜ特別なのか解き明かそうとはするのですが、新たな科学法則や原理に訴えることはしません。それゆえ、私たちのアプローチはある意味でマイアと似ています。マイアは生命のプロセスが特別であると認めましたが、それは一貫して〔超自然的な生命力を認めない〕自然主義的な文脈での話だったのですから。私たちの理論すなわち神経生物学的自然主義は、たがいに関係する三つの原理に基づいています。

第一原理──生命　主観的であるという意識の性質を解き明かすには、脳が生きとし生けるもの〔ここでは生き物だけでなく個々の細胞や器官も含まれている〕と共有する数多くの特性を織り込まなくてはなりません。それはまさに、生命と生命ではないものとを分かつ「しるし」としてマイアが生命に見いだしたものであり、そのすべてが物理学や化学と整合すると今日（こんにち）では誰しも認めています。意識に固有な特性は実際に生命に固有な特性に根ざしており、意識を正しく理解しようとするなら、意識が生的プロセス〔living process〕だということを念頭に置いておく必要があります。

第二原理—神経の特性　意識は生命の**一般的★な特性**に根ざしているといっても、神経系に固有な、神経生物学的な特性に拠って立ってもいます。ここで言う特性は、脊髄や**中核脳**(コア・ブレイン)★注9で生みだされる複雑な反射〔多シナプス★性の反射〕や運動プログラムくらいの単純なものを指します。意識を備えてはいませんが、それでいて意識の誕生や進化には欠かせません。

神経生物学的な特性のひとつ上の段階で、意識は現れます。この段階では、意識を備える脳に固有な、**特殊な神経生物学的特性**★がひととおり揃っています。特殊な神経生物学的特性は、生命にあまねく見られる機能や反射的な機能に根ざし、拠って立ち、これらの機能を発揮します。その一方で、特殊な神経生物学的特性の寄与が意識に欠かせないのです。ただし、特殊な神経生物学的特性が目新しかったり、たくさんあったり、複雑だったり、革新的だったりしても、だからといって新種の「脳の物理学」によって、あるいは神秘的な「意識力」のようなもののおかげで意識がもたらされるというわけではありません。むしろ、ある種の複雑な神経系が備える自然現象の性質として余すところなく説明できるのです——まさしく生命が、それ自体が生きているとは言えない化学的構成要素が特有の組織化を受けることでもたらされた複雑な特性であるのと同じように。

第三原理—主観と客観の間の壁は自然現象として説明できる　なぜ自身の脳内プロセスは主観的

（一人称的）な視点からはアクセスできない〔感じられない〕のか。逆に、なぜある者の主観的な経験は別の観測者の三人称的な視点からはアクセスできない〔観測できない〕のか。こうした問題は、右で述べた特殊な神経生物学的特性を複雑な脳が獲得するのと同時に生まれてくる理由により、自然現象として説明できます。

本書のメインテーマは、意識の主観的特性を以上の三つの原理をもとに自然現象として解き明かしてみせることにあります。これから、三つの原理に基づいた神経生物学的自然主義の理論を作りあげていきましょう。

本書のあらまし

意識を自然現象として解き明かす探求を次章（第2章）から始めるわけですが、いきなり問題の本丸に攻め込むのではなく、意識を小分けして与（くみ）しやすい大きさに分けます。まず、科学者はふつう感覚意識をひとつのものだと思っていますが、部分的にオーバーラップしつつ相互作用する三つのドメイン〔区域〕、すなわち**外受容意識**★・**内受容意識**★・**情感意識**★に分けてみるとわかりやすくなります。外受容意識は感覚の**心的イメージ**★を生みだすのにかかわり、情感意識は気持ちがいい／気分が悪いといった内的な気持ちにかかわり、内受容意識はその中間にあたります。三つのドメインは意識の別々の種類とみなせるだけでなく、質的な経験あるいは哲学者が**クオリア**★と呼ぶものを別々の姿で体現しています（第2章参照[注10]）。本書を読み進めれば、原意識やクオリアにあるこれらのドメインが、きわめて異なる神経アーキテクチャーを備えつつも特殊な神経生物学的特性を数多く共有していることがわかってきます（第6章参照）。

第2章で明らかになるのは、こうした意識や主観性を説明するときの複雑さだけではありません。説明のギャップという問題はしばしば単一の問いとして扱われますが、それはもっと複雑な問題を単純化しすぎているのです。実際に意識の三つのドメインを検討すると、ドメインのそれぞれに**複数**の説明のギャップが含まれていることがわかります。それゆえ自然現象として満足のいく説明をするためには、どんな種類の原意識でも、さまざまな説明のギャップも、すべて解き明かせなければなりません。

感覚意識には複数の姿（**イメージ**★と**情感**★）があり、それぞれに説明のギャップが複数あることを立証した次に問うのは、「イメージと情感を作る共通の神経特性とは何か」です。この問いに答えるために、第3章から第5章ではいま生きている動物のうち**どの**動物が原意識を備えているのか、そうした動物すべてに共通する神経生物学的な基盤とは**何か**を考えていきます。

第3章と第4章では、いちばん研究が進んでいる動物群である**脊椎動物**★に焦点を当てます。外受容的な感覚イメージがどのように生みだされるのか検証すると、こうした心的イメージを生みだす神経の多様性と共通性のふたつが脊椎動物のすべての種にわたって見られることが第3章でわかってきます。どのように脊椎動物が意識をともなう情感を生みだすのか第4章で考えるときにも、種間で共通した神経パターンが見つかると同時に多様性も見られるのです。情感意識とイメージ★に基づく意識の特性には、多くの類似性がある一方で違いもいくつかあることがわかります。

第5章では、感覚意識を備えている可能性のある動物すべてに分析を広げます。脊椎動物で意識の目印となったのと同じ神経特性があるか調べることで、イメージに基づく意識や情感意識が無脊椎動物にもあるのか探るのです。何を隠そう、そうした必須要素は節足動物★（昆虫など）や頭足類★（タコなど）にも多く見られるのです――脳の構造がまったくちがうにもかかわらず。これらの無脊椎動物は、意識に必要な特殊な神経生物学的特性をひととおり揃え、情報を次々と処理します。ここまでくると、意識はとても多様で、まったく別々の動物群に存在し、異なる脳構造と絡みあっていることがわかってきます。

これらの知見から、次の結論が導けます。意識を備えた脳ひとつのなかにイメージと情感とで別々の神経アーキテクチャーが存在し、また動物種の間でもイメージや情感の神経アーキテクチャーは大いにかけ離れています。だとしてもすでに述べたように、**あらゆる姿の意識が、そしてそのそれぞれにともなう説明のギャップが生みだされるためには、たくさんの共通要素がかかわっているのです。**

そこで第6章ではこうした共通点を掘り下げ、特殊な神経生物学的特性のリストを作成します。意識を備えた動物すべてが、またイメージに基づく意識と情感意識とが、さらには意識にかかわる別々の脳領域のどれもが共有している特性です。将来の意識の探求の礎（いしずえ）となり、新しい動物が見つかったとき意識を備えているかどうか判断するチェックリストとして使える、しっかりとしたリストにしましょう。それに加えて、生命や神経反射に、また特殊な神経生物学的特性が意識を作りだす土台となる中核的な脳機能に備わる一般的な特性もリストにします。これらのリストを使って、意識をもたない動物から意識を備えた動物へと至る三つのステップを、切れ目のない過程として申し分ない科学的枠組みのもとで論理的にモデル化します。神経系が発展するこの過程には、ギャップはまったくありません。

第7章は進化の話の中心となる章です。意識へと至る三つのステップが地球史を通じてどう展開してきたのか、化石記録からつまびらかにします。その後、意識を備える適応的価値を解き明かします。ここでも連続的に発展していく各ステップを論理的に復元していくのですが、約五億年前に起こった動物の爆発的多様化〔**カンブリア爆発**★〕を通して一大飛躍がありました。くり返しになりますが、時間的発展という意味では、発展のなかにギャップはひとつもありません。

最終章では以上の論点をまとめあげ、どのようにして主観性が自然現象として生みだされるのか解き明かします。★**階層**（ヒエラルキー）と進化の観点から、生命の一般的特性、意識をともなわない神経系、ひいては意識を備えた脳がもつ特殊な神経生物学的特性の関係を説明する統合モデルとして、神経生物学的自然主義の理論を描きだしましょう。それまでに本章ですでに触れた第一原理と第二原理〔生命の特性と神経の特性〕がまとめあげられているので、そこに第三原理を付け加えます。この第三原理が、主観的経験が客観的観察とまったくちがっているのはなぜか、それでも自然現象として説明しうるのはなぜか解き明かす助けとなるのです。

第2章　ギャップに迫る——イメージと情感

　意識とは何か、そして意識の起源とはどのようなものであったのかを自然主義的に〔自然科学的に〕解き明かすには、「〜であるとはこんな感じだ、という何か」、**原意識**★、**主観的**★経験といった概念を適切に理解して説明すべきです。だとすればもう少しちゃんと場合ごとに分けて、こうした概念を考える必要があります。本章では、どんな種類の経験が処理されるかに応じて原意識がふたつ以上あることを示します。さらに、**説明のギャップ**★がふたつ以上あることもわかります。ここではおもにヒトを含めた哺乳類について考えましょう。これまでの意識研究者の大半が扱ってきた研究対象だからです。ほかの**脊椎動物**★や無脊椎動物については、第3章から第5章で考えます。

主観的「気づき」のさまざまなかたち——外受容、内受容、情感

　普通の研究者は、感覚にかかわる原意識は一種類しかない、または意識の根幹段階としてはひと

つしかないと考えています。しかし意識は全体として統一されていながら、部分的にオーバーラップしつつ相互作用する三つのドメインに分かれているとしたほうが良さそうです。三つのドメインとは**外受容**・**内受容**・**情感**であり、大まかに外側から内側へ、つまり身体外から身体内へと連続的に構成できます。[注1]

たくさんの研究者が、原意識を解き明かそうと別々のドメインの重要性を強調してきました。一方の端では外受容意識が、「脳はどのように外環境からの感覚情報を処理し、表象するのか」という点を反映しています。こうした感覚処理から**心的イメージ**が生まれたのがもととなって、原意識がもたらされたのだと考えた研究者はたくさんいます。たとえばジェラルド・エーデルマンは「世界のものごとに心的に気づいている、その場で心的イメージをともなっている状態」[注2]を原意識と名付けましたし、アントニオ・ダマシオは心的イメージを「中核意識」の一部だと考えました。[注3] 中核意識は、エーデルマンの原意識に似た概念です。感覚イメージは原意識のほんの一部でしかありませんが、重要だということは認めましょう。また〔視覚・嗅覚・聴覚などの〕**遠距離感覚**の入力をなんらかの心的イメージへと翻訳する神経系を備えていれば、どんな生物でも外受容的な原意識をともなっているという見解にも同意します。

原意識が見せるグラデーションのもう一端では、ポジティブな「気持ち」〔感じ feeling〕やネガティブな「気持ち」をともなう、「気づき〔awareness〕」の**情感状態**がその場を占めています。ミシェル・カバナ、デリク・デントン、ヤーク・パンクセップをはじめとする多くの研究者たちが、情感意識こそ原意識のもっとも重要な側面だと注目してきました。[注4] この情感のドメインには、脳が内的な情動（情感）状態を生みだす過程も含まれています。内受容意識は体内の知覚にかかわり、ほかのふたつのドメインの中間に位置し、両者の特徴を備えています。[注5]

以上の三つのドメインは原意識の亜種なのですが、主観的にどう経験されるかがちがっています。とはいえ注目するのが外受容的な心的イメージであれ、あるいは内受容的な身体経験や情感であれ、いずれも主観的経験にかかわっているのであり、主観的経験と脳の間に説明のギャップをもたらすのです。原意識とは何かを説明するのに、いろいろな人が三つのドメインのそれぞれの重要性を強調してきました。しかし本書では三つのドメインをすべて含めた、視野の広い見取り図を描こうと思います。そのためには、似ているところや、ちがうところをもっと吟味しなければなりません。

外受容的「気づき」と感覚の心的イメージ

まず、意識の三つのドメインはどれも共通の構成要素で作られています。第一段階として、神経系には情報を伝える細胞、つまり**ニューロン**★（図2・1A）がたくさんあります。ニューロンは鎖のようにつながって、情報処理ネットワークを体のほぼ全体に張りめぐらせます。とくに**中枢神経系**★（脳と、脳から伸びる神経索＝脊髄）で顕著です。ニューロンは**シナプス**★という特殊な細胞結合を介してたがいに情報伝達します。また、この情報伝達には**神経伝達物質**★というシグナル分子が使われます。シンプルなニューロンの連鎖を**反射弓**★といい、**反射**★を担います（図2・1B）。神経反射は

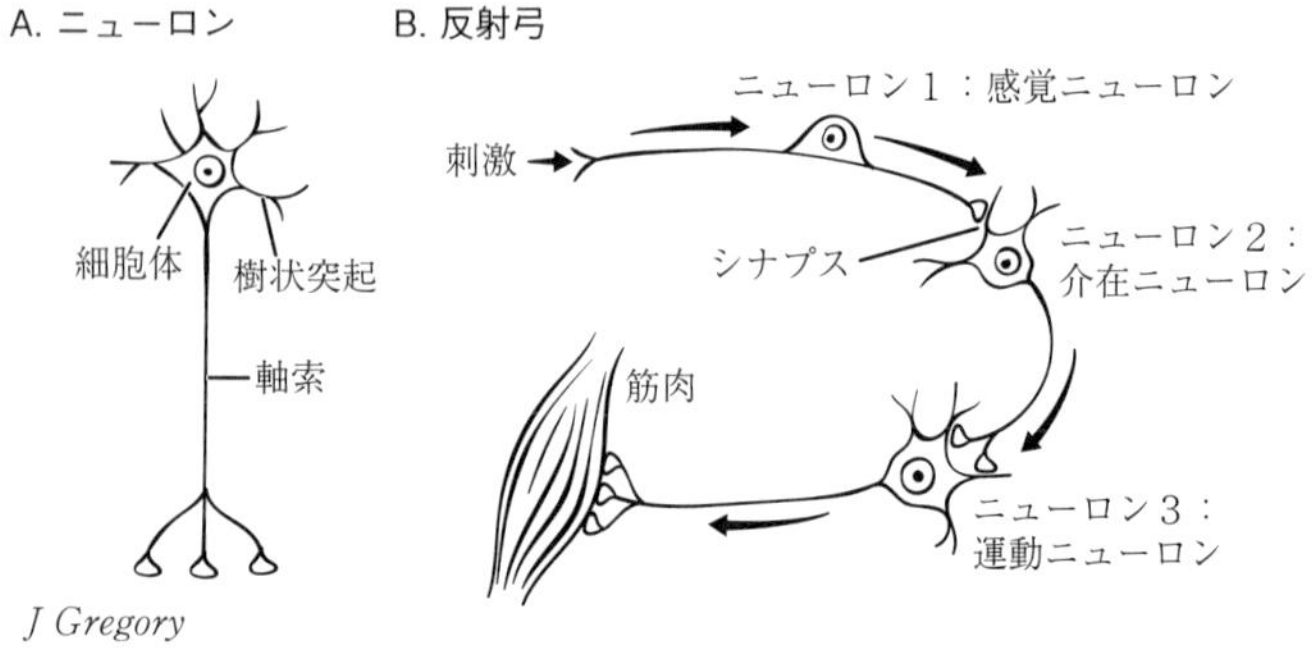

図2・1　ニューロン（A）と三つのニューロンからなる単純な反射弓（B）。ニューロンとは神経細胞のこと。Bでは、皮膚を突くなどの刺激が、その刺激から離れるよう身体を動かす筋肉の収縮を促している。感覚ニューロン、介在ニューロン、運動ニューロンという典型的なニューロンの3区分に注目。伝達のための、ふたつのニューロンの結合をシナプスという。

不随意的に〔無意識的に〕すばやく起こり、作動するのに意識を必要としません。たとえば、膝蓋骨〔膝のお皿〕の腱を診断用ハンマーで叩くと脚が跳ね上がったり〔膝蓋腱反射〕、明るい光で虹彩が収縮〔瞳孔が縮小〕したりします。くり返しますが、反射を意識のもととなる構成要素だとみなすといっても、反射は意識をともないません。昏睡状態にある意識不明の人にも反射は起きるのです。

外受容意識は外界の感覚情報の処理と切っても切れない関係にあります。つまり視覚情報、音、匂い、肌に触れるものの情報です。言い換えれば、おもに外受容は**遠距離感覚**によって離れたところのものごとを感じとることにかかわっています。主観的意識の視点から外受容的な情報処理を考えれば、脳はつまるところ「感覚の心的イメージ」という自分の周囲のシミュレーションを作りだしていることになります。ここで強調しますが、こうしたイメージ★は直面している物理世界の表象なのであって、心象や空想といった環境からの直接的な知覚入力なしで心的表象を作りだす、より発展的な能力を表す概念と同じなのではありません。

外受容意識には情感意識とははっきりと区別できる独特な神経の特性がいくつもあります。そのなかでもひときわ目立っているのは、ニューロンが階層（ヒエラルキー）★状の〔末梢から中枢に至るまで段階的に〕部位局在地図★または同型的地図★として配置されていることです（図2・2）[注6]。部位局在地図とは、感覚受容器★の表面で作られた表象が、脳に届くまでの感覚経路を通じてきちんと保たれていることを指します。こうした地図のなかには、視覚系での地図のように、空間的に配置されているものもあります。視覚系では、視界の光刺激が眼の網膜の部位ごとに表象された網膜部位局在性〔網膜の地図を表したもの〕が、脳の高次中枢まで逐一保たれます〔網膜に映った像が、プロジェクターで投影されるかのように脳の視覚中枢で再現される〕。同じように、皮膚表面の触覚の体部位局在性（身体の地図）も部位ごとに各段階で連続的に保たれ、隣り合った身体部位は隣り合った脳内ニューロンに表象されます。聴覚系の周波数部位局在（音の高低の地図）では、それぞれの音の高さの振動が蝸牛管（内耳の受容器）の空間的位置として組織化され、その地図が音を意識して聴く脳の高次中枢まで次々と保たれていきます。嗅覚の経路は少しちがっていますが、物質（匂いの組み合わせ）の地図を脳で表して空間的な嗅覚地図を作ります[注7]。

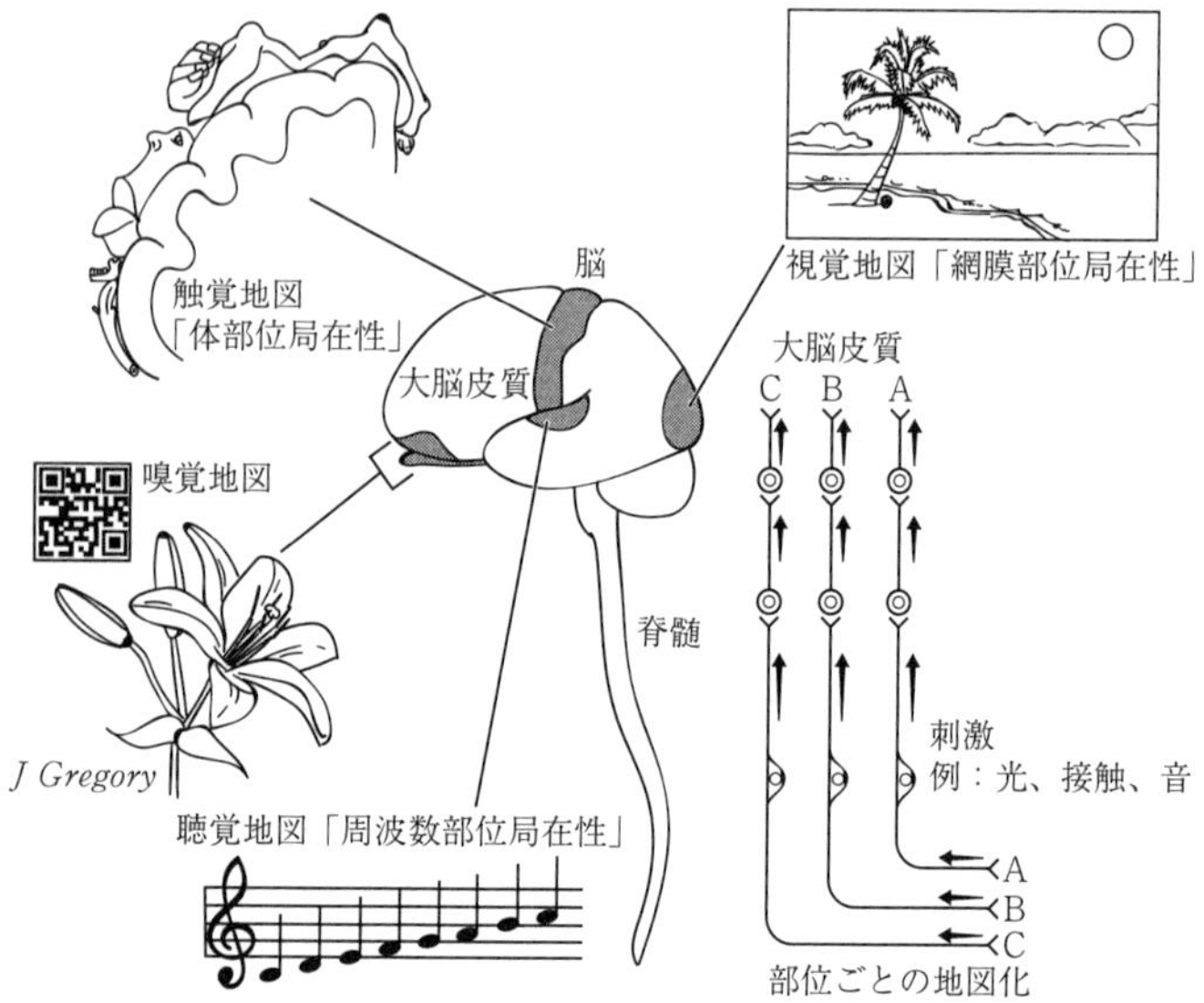

図2・2 地図として同型的に組織化された外受容の感覚経路。複数のニューロンからなるそれぞれの感覚経路（**右**）は、体表・身体構造・外界の部位ごとに表された地図（A、B、C）を保ちながらシグナルを脳まで運ぶ階層を作る。このように地図で表すことで、脳のあちこちで地図的な心的イメージがもたらされる。身体の触覚地図（**左上**）にはひだ状の★**大脳皮質**の断面も図に入っている。花の左側にあるQRコードは、複雑な匂いのそれぞれで香りの特色が符号化（エンコード）されていることを表している。

情感的「気づき」

原意識の亜種には、情感意識もあります。情感意識と外受容意識の違いで重要なもののひとつは、外受容意識はそれ自体でイメージに価値を与えはしない一方で、情感意識には常に感情価★〔誘発性valence〕がもとから備わっている点です。感情価とは経験の忌避性（ネガティブ性）や嗜好性（ポジティブ性）です。つまりライオンが見えたり花の香りがしたりすると、やがて恐怖や喜びが引き起こされることがあります（絶対にではありませんが）。このような気持ちが外受容イメージから引き起こされるのは、情感や体内に関する別の脳システム★が情報処理したあとだけです。ほかにちがう点としては、外受容イメージが「局所的」で外的世界や体表の特異的な場所を参照する〔指し示す〕のに対して、情感意識は大域的（グローバル）★（全身的）で、個体としての身体全体と切り離せないことが挙げられます。たとえば足で幸せを経験することはありません。

意識のうちで情感にあずかる部分は、外受容意識よりも直接的に内的動機や衝動や行動での反応にかかわっています。嗜好や喜びといったポジティブな情感は報酬となる刺激に向かうよう動物を動機づけ（駆り立て）、ネガティブな情感（嫌悪、不満、不快）は害や脅威となる刺激を避け、逃げるよう動機づけるでしょう。

最後に（第4章で論じるように）、情感を生みだす脳領域は外受容イメージを生みだす脳システムより分散していて数も多く、それほど厳密には階層化されていません。

内受容的「気づき」

内受容意識は外受容意識と情感意識の両方の特性を共有しています。内受容では体内の生理的、機械的変化が体中に広がる神経末端で感知されます。ほかのふたつの感覚的「気づき」と同じように、内受容**こそ**が意識の基盤であると提唱する向きもあります。[注8] 体内の感覚は**内臓**★、つまり消化管、心臓、肺などからやってきます。[注9] たとえば熱いコーヒーを飲むときの食道からの「感じ」、あるいは息を止めたとき肺から感じる息苦しさです。内受容には、飢え、渇き、疲れなどの内的感覚といった大域的(グローバル)なものも含まれます。こうしたさまざまな感覚によって動物は体のなかで物事がうまく進んでいることを知り、内部のはたらきを理想的で安定した状態へと合わせる、身体の**恒常性**(ホメオスタシス)★を維持するというチューニングのプロセスが可能になるのです。

ダマシオらは、内受容の情報処理、恒常性の維持、情動（情感）を担うヒトの脳領域が大幅に重なり合っていることに気づきました。[注10] 外受容意識と比べ、内受容意識はより直接的に情感と関係があります。内受容意識にはしばしば情動にかかわる感情価があるためです。吐き気の波を経験したり、血液不足の心臓で起きる狭心症の**痛み**★を感じたりしている人は、すぐに気分が悪くなる場合があります。

また内受容はある意味で外受容にも似ています。それなりの**体部位局在地図**★をもった身体の心的イメージを作るからです。ただし、内受容の感覚は外受容のように正確に局在しているわけではありません。つまり体部位局在地図は部位ごとにはなっていないのです。たとえば腹痛がどこから来るのか、小腸か、盲腸か、胆嚢か、卵巣か判断するのは難しい場合があります。そうは言っても、内受容シグナルは外受容シグナルと同じように、脳の上行性（高次中枢に昇っていく）感覚経路が作る確固とした神経階層を伝わっていくのです（図2・3）。

神経生物学者のA・D・クレイグは、皮膚の外受容器の一部、つまり痛み（**侵害受容**★）、温度、かゆみを司る外受容器は恒常性に必要であり、それゆえ内受容や恒常性に帰属すると考えるべきだと指摘しました。[注11] これらの不快な皮膚の感覚は情感の側面が強く、それら自体が強烈な情動と衝動を生みだします。ただし本当に外受容的な特徴もあります。たとえば針で皮膚をチクッと刺せば、不快な鋭い感覚とともに針先の精密で正確な体部位局在的イメージが空間的に限局して生みだされます。また痛みにはサブタイプがふたつある点からも、痛みにはもともと外受容と内受容という二重の性質があるのだとわかります。つまり**鋭い痛み**と**焼けるような痛み**です。[注12] 鋭く針で刺したような痛みは皮膚上で（外受容のように体部位局在的に）正確に限局されますが、ゆっくりとした鈍く焼けるような痛みはそれほど限局されず、（内受容のように大雑把な体部位局在的に）広い範囲を覆います。

動きの感覚＝固有感覚を付け足す

固有感覚★は内受容と外受容の間をまたぐ、また別の感覚です。固有感覚は内受容と同様に、体内の構造物を感知します。具体的には、動いたときの関節や筋肉、腱、皮膚の伸び具合を測るのです。[注13]

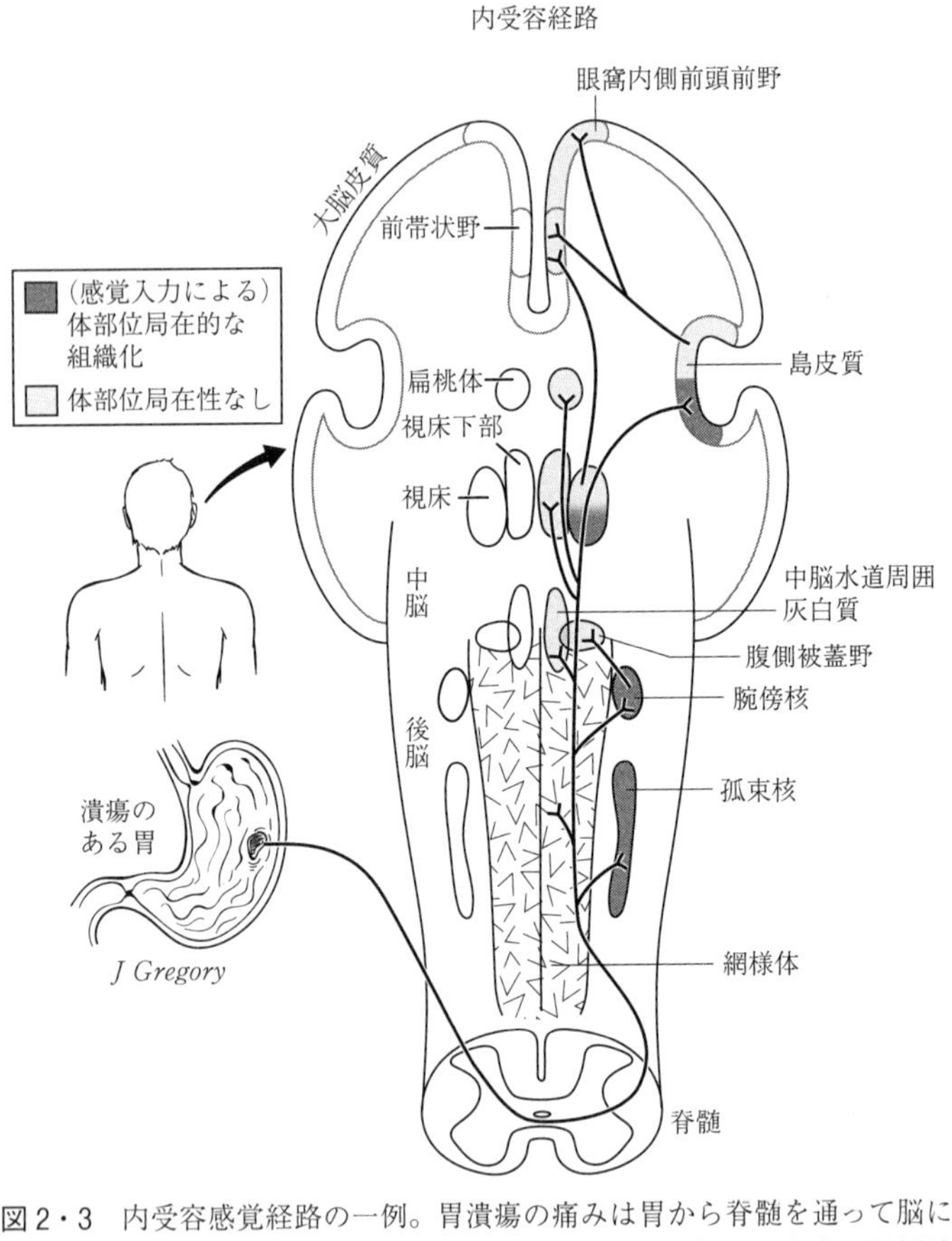

図2・3　内受容感覚経路の一例。胃潰瘍の痛みは胃から脊髄を通って脳に達する。黒の実線をたどるとわかる。脳内に広く分布する情感の脳領域（名称が記されている）への分枝がたくさんある。連鎖する黒の実線が示すように、この経路には階層や複数段階にわたるニューロンがある。灰色の濃さから、体部位局在的（同型的）な身体地図の程度が経路の高次に至るにつれて弱まっていくことがわかる。

固有感覚がこれらを感知することで、ヒトや動物は自分が空間上でどう動いているのか知り、なめらかに動き回ったり、バランスをとったり、行き先を捉えたりできます。

多くの場合で固有感覚は意識をともなわずに、自動的な調整や反射を引き起こします。おそらく、自身の運動をすばやく感じ取らなければならないがために、考える余裕などないからでしょう。とはいえ、意識にのぼって感じられる固有感覚もあります。関節の曲がり具合はまさにそうですし、筋肉の伸び具合も意識上で経験される場合があります。それを感じるには、とくに肘・肩・膝（ひざ）・股の関節でどういう感じがするか気にしながら腕や脚を伸ばす全身ストレッチをすれば良いでしょう。固有感覚は内受容よりは外受容に近いと考えられています。外受容のように正確な体部位局在性があり、外受容の神経経路の一部に沿って（独自の経路とともに）脳に届くためです。意識研究者のなかには、意識がどのように動作や行動を舵取りするかに理論の焦点を当てるがゆえに、固有感覚や運動に注目する者もいます[注14]。本書ではそうではなく、感覚や経験に注目するのですが、運動からのアプローチは有望であり、複雑な空間のなかで動作の舵取りをすることが意識の重要な生物学的機能のひとつだということには心の底から同意します（第3章〜第8章）。

図2・4では意識のドメインをまとめています。また本書では話を簡単にするため、イメージに基づくものと感情価に基づくもの、つまりイメージと情感のふたつにシンプルに分ける場合もあるので、その区分も図にしてあります。

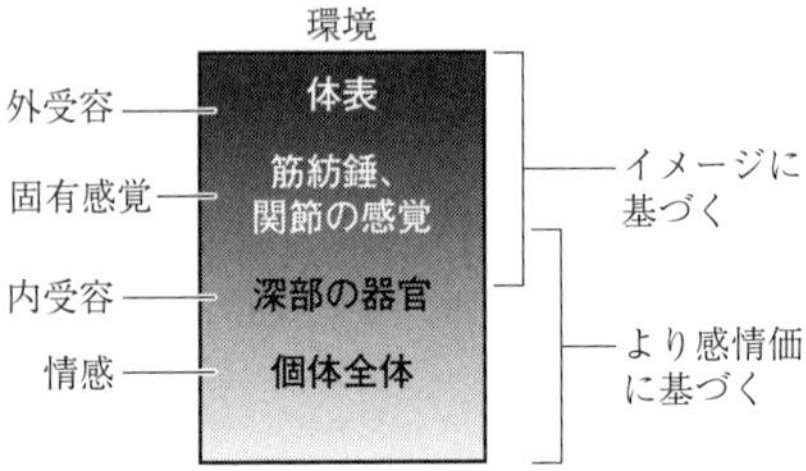

図2・4　意識のサブタイプ。**左側**：連続する感覚意識の三つのドメイン、すなわち外受容、内受容、情感。固有感覚意識も付記。**右側**：本書の一部では、ドメインをふたつだけ、つまりイメージに基づく意識と情感（感情価に基づく）意識に単純化する。イメージに基づく意識には、外受容、固有感覚、内受容のうち体部位局在的に地図で表される部分が入る。筋紡錘と関節の感覚は固有感覚、つまり動きによって身体の筋肉や関節包で生じた張力を測る。

説明のギャップは複数ある

原意識の謎や説明のギャップはたいてい、ただひとつの問題のように扱われます。しかし原意識にドメインが三つあることを加味すると、それぞれに説明のギャップが複数あることがわかります。そこで、こうしたギャップを四つのカテゴリーにグループ分けしました。これを**★意識についての神経存在論的な主観的特性**（neuro-ontologically subjective feature of consciousness ＮＳＦＣ）といいます（神経科学と存在論（哲学）の両方にかかわる、意識の主観的な面として現れる特性）。**★参照性、★心的統一性、★心的因果、★クオリア**です（表２・１）[注15]。

参照性とは、感覚経験が（構築される）脳内ではなく外界や体内にあるように（外受容器や内受容器で受け取られた刺激からのように）受け取られること、または個体全体にかかわるポジティブやネガティブな気持ち、つまり**情感状態**として感覚経験が受け取られることをいいます。つまり参照性は意識の三つのドメインをすべて脳外

表2・1　意識についての神経存在論的な主観的特性

- 参照性
- 心的統一性
- 心的因果
- クオリア

にあるものとして特徴づけているのです。とはいえ、いちばんはっきりわかる例は外受容での**投影性**★（投影された感覚）、つまり見たもの、聞いたもの、匂いを嗅いだものを外界に投影することです。三つのドメインにはどれも、経験が実際に作りだされる脳（これ自体はたしかです）と経験が参照される場所との間の主観的なギャップがあります。たとえば視覚の場合、夕日の眺めは網膜や脳内の視覚野で経験するのではなく、刺激が来る方向、水平線の彼方に（見えるように）経験するのです。同様に、盲腸炎を患ったらお腹で痛みを経験します。脳で、ではないのです。実際のところどんな脳活動でも、参照先が外界であれ体内であれ、情動状態であってさえも、脳内で起こっているように経験されることはありません。経験が、それを引き起こす神経回路に参照されることは決してないのです。この**主観性**★の特性を解き明かすことは、最終章でご覧に入れる「意識とは何か」についての理論、その核心となります。

　心的統一性では、個々のニューロンで構成された分割可能で不連続な脳と、統一された連続的な「気づき」の場との間のギャップが顔を出します。この統一された意識の舞台で、たくさんの物事がひとつの経験として統合されます。たとえば周囲の外界の感覚刺激、そこでの自分の位置、そのときの気分、のど風邪をひいたんだという「気づき」といった体内のコンディション――これらをみな統合します。この**統一性**★のギャップを**砂粒問題**といいます（「きめの問題」とも呼ばれる）。つまり、ひと粒ひと粒に分けられる「砂粒」としての脳内ニューロンは、見たところ継ぎ目のない一個の主観的経験よりもはるかに目が粗いのです。[注16]

心的因果とは、「非物質的に思える主観」と「**客観的**★に観察できない心」がどのように物質世界の物理的効果を引き起こすのかという問題のことです。ここでの物理的効果には、筋肉や自身の身体を動かす随意的な信号や、そうした動作が外界の物質的実体に引き起こす効果も含まれます。[注17] たとえば、ある町で吹雪によって交通網が遮断されて数日も経てば、人々は家に閉じ込められた不安と空腹から、冷蔵庫にある食べ物すべてに食欲をそそられて冷蔵庫を空っぽにしてしまう事態が**引き起こされる**のです。

最後に**クオリア**とは、情動などの情感状態や、外界や体内や知覚対象の「質」のことです。視認した色、満腹感、怒りの経験はみなクオリアです。これから見ていくように、たくさんの哲学者がクオリアの解明こそ意識を解き明かしてくれる「聖杯」（探し求めているもの）だと考えています。クオリアにまつわるこの説明のギャップこそが、ほかのどの意識の主観的特性よりも神秘的に見え、人々を惹きつけるのです。[注18] 哲学者はよくこんな問いを投げかけます。「クオリアを生みだすような決まった神経生物学的な特性はあるのでしょうか？」「ある神経状態のとき決まった感覚を感じるのはなぜでしょうか？」「いったいどうして脳は『感じ』までをも作りだしたのでしょうか？」

まとめると、本章では**感覚意識**★にはたがいに重なり合う三つのドメインがあること、そして、それぞれに意識の主観的特性となる説明のギャップが四つあることが明らかとなりました（表2・1）。意識を自然現象として説明するための次のステップは、説明のギャップがどのようにして生まれるのか解き明かすことです。どの動物に意識があるのか、つまりイメージや情感を備える能力があるか調べることで、この問題にアプローチしましょう。

第3章　脊椎動物の意識を自然科学で解き明かす①心的イメージ

第1章で議論したように、ネーゲルの考えでは「〜であるとはこんな感じだ、という何か」があれば、その動物には**原意識**★が備わっていることになります。意識という複雑かつ人間にとって重要なものの基準として、ハードルを低く設定しすぎている——そう言う人もいるかもしれません。しかし本書では動物に原意識（もっとも基盤的な経験）があるかないかを判別しようとしているので、妥当な基準です。

心的イメージ★と**情感**★にかかわる脳構造は、原意識や**説明のギャップ**★を生みだす要（かなめ）だとは言いました。しかし意識を自然現象として説明するには、こうした**主観的**★経験が「なぜか魔術のように、脳からいきなり現れる」わけではないことを示す必要があります。そのために第3章から第5章では、いま生きている動物のなかでどの動物に原意識があるのか考え、その神経生物学的基盤を導きだします。そうすれば、意識を成り立たせる共通の生物学的特性や神経生物学的特性とは何か、あとで

（第6章）検討できるようになります。

本章と次章では、**脊椎動物**★（魚類、両生類、爬虫類、鳥類、哺乳類）に着目します。意識が備わっていることがたしかな唯一の動物、すなわちヒトが属すグループだからです。本章では、（とくに**外受容**★の）**イメージ**★**に基づく意識**がどの脊椎動物にあるのか調べ、関連する神経生物学的特徴を種ごとに比較します。第4章では情感意識について同じことをします。第5章では、無脊椎動物に視点を移しましょう。

どの脊椎動物が意識を備えているのか？

原意識はヒトにしかないと長く考えられてきましたが、それに囚われる意識研究者はいまやほとんどいません。もはや大勢が、哺乳類と鳥類すべてに意識があると考えています。[注1] 哺乳類でも鳥類でも、**前脳**★の背側**外套**★（哺乳類では**大脳皮質**★と呼ばれる）が肥大しています。この大脳皮質（あるいはそれに相当する鳥類の外套）が**視床**★と呼ばれる前脳のほかの領域と協調して意識を担うという考えが主流なのです。[注2] その根拠のひとつとして、ヒトでは皮質視床系の損傷が、意識にのぼる感覚と**イメージ**★の消失を引き起こすことが挙げられます。[注3] この知見をもとにすれば、**ヒト**を含めた哺乳類については納得できる根拠があるとは言えます。しかし、大脳に皮質がないほかの脊椎動物（図3・1）も考慮に入れなければなりません。精緻な感覚を備え、（鋭い視覚を含めて）感覚の階層が解剖学的に発達し、刺激に警戒し**注意**★を向けるなどの点から、魚類にも意識があるようなのです。[注4] だと

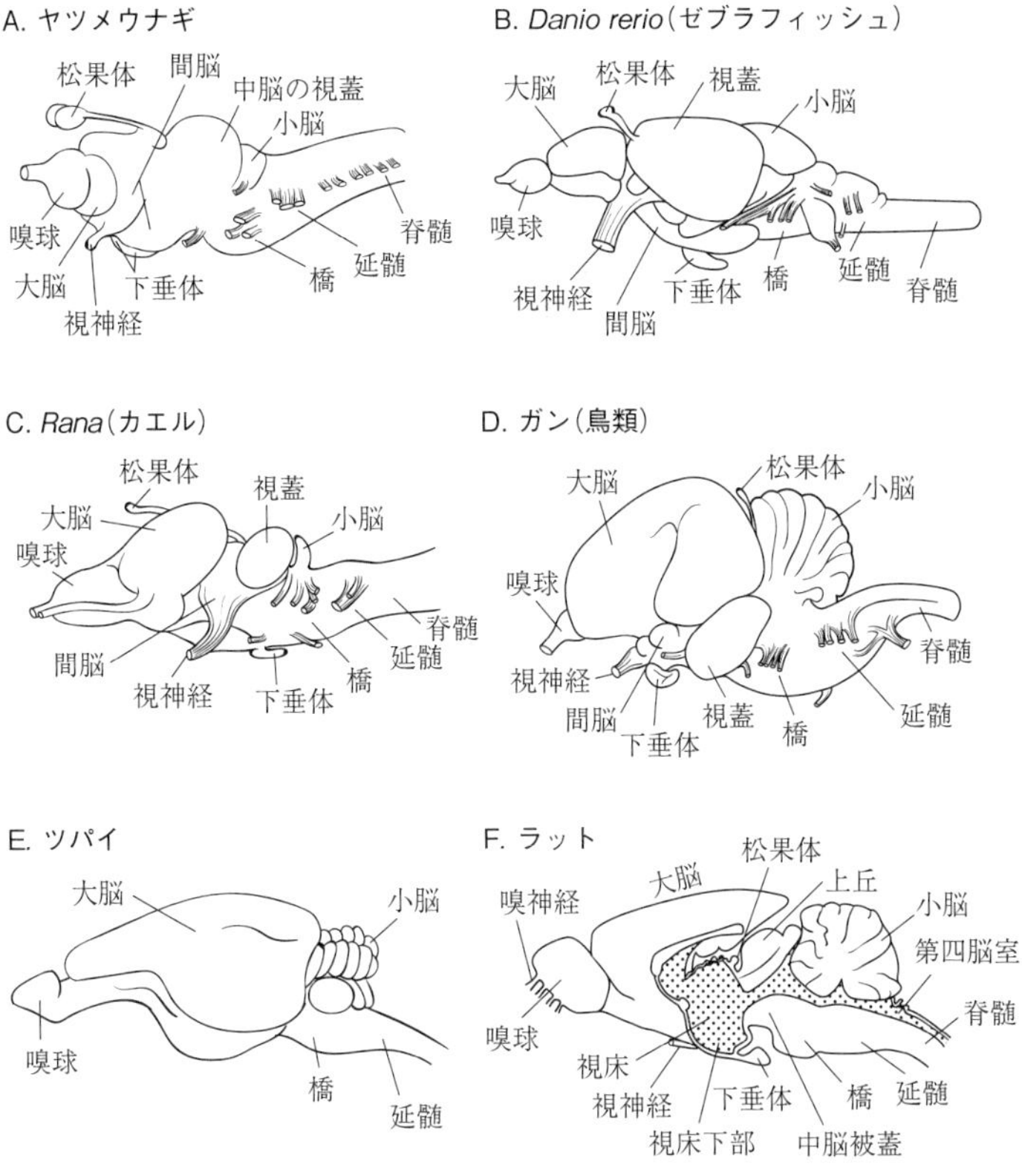

J Gregory &
C McKenna

図3・1　さまざまな脊椎動物の脳。外受容的な心的イメージを生みだせることが導きだされる。それぞれの動物の、大脳と視蓋の相対的な大きさに注目。哺乳類だけに大脳皮質がある。2種の哺乳類の脳を載せて（E、F）、ひとつ（F）を縦半分に切って内部構造がわかるようにした。意識をともなう覚醒を担う網様体がある脳幹は、延髄、橋、中脳からなる。図4・1も参照。

すれば、この本の目論見は**感覚意識**★のいちばん基盤となる神経生物学的土台を明らかにすることなのですから、脊椎動物の系統のもっと根幹から分岐した種を詳しく見ていくのが道理です。

私たちは「地図で表された感覚イメージを生みだせるなら、どんな脳にも外受容的な原意識がある」という推理をもとに、**同型**★的に地図で表された多感覚的な（多数の感覚にわたる）表象を作る神経アーキテクチャーを備えた脊椎動物のうち、もっとも根幹から分岐している（もっとも進化的に古い）系統はどれか調べました。[注5] するとやや意外なことに、**すべての脊椎動物の脳**にこの特性があることがわかりました。哺乳類と鳥類では、おもな同型的地図は大脳皮質（哺乳類）やそれに相当する大脳の拡張部（鳥類）にあります――ただし大脳と言っても、これらふたつの動物群（グループ）では別々の場所にあるようですが（図3・2）。[注6] しかしながら、どの脊椎動物にも**視蓋**★という中脳の構造物に、感知した外的環境（おもに視覚入力だが、聴覚、触覚、平衡感覚の経路も入ってくる）を場所ごとに表した精密な地図があります（図3・3）。[注7] つまり地図で表された**心的イメージ**を生みだす能力はすべての脊椎動物に（最初期に進化したものでさえ）あることになり、あらゆる脊椎動物に外受容意識があると導きだされたのです。[注8]

魚類や両生類の脳では視蓋の占める部分が比較的大きくなっているため（図3・1、図3・3）、視蓋にイメージ意識の座があると推理できます。視蓋の地図のおかげで、どの脊椎動物も視界でいちばん重要な対象に注意を払い、目を配り、向かっていけるのです。[注9] 魚類や両生類では、視蓋が対象の「認識」や「知覚」を担うとされています。[注10] どちらも意識にかかわる用語ですね。視蓋に意識

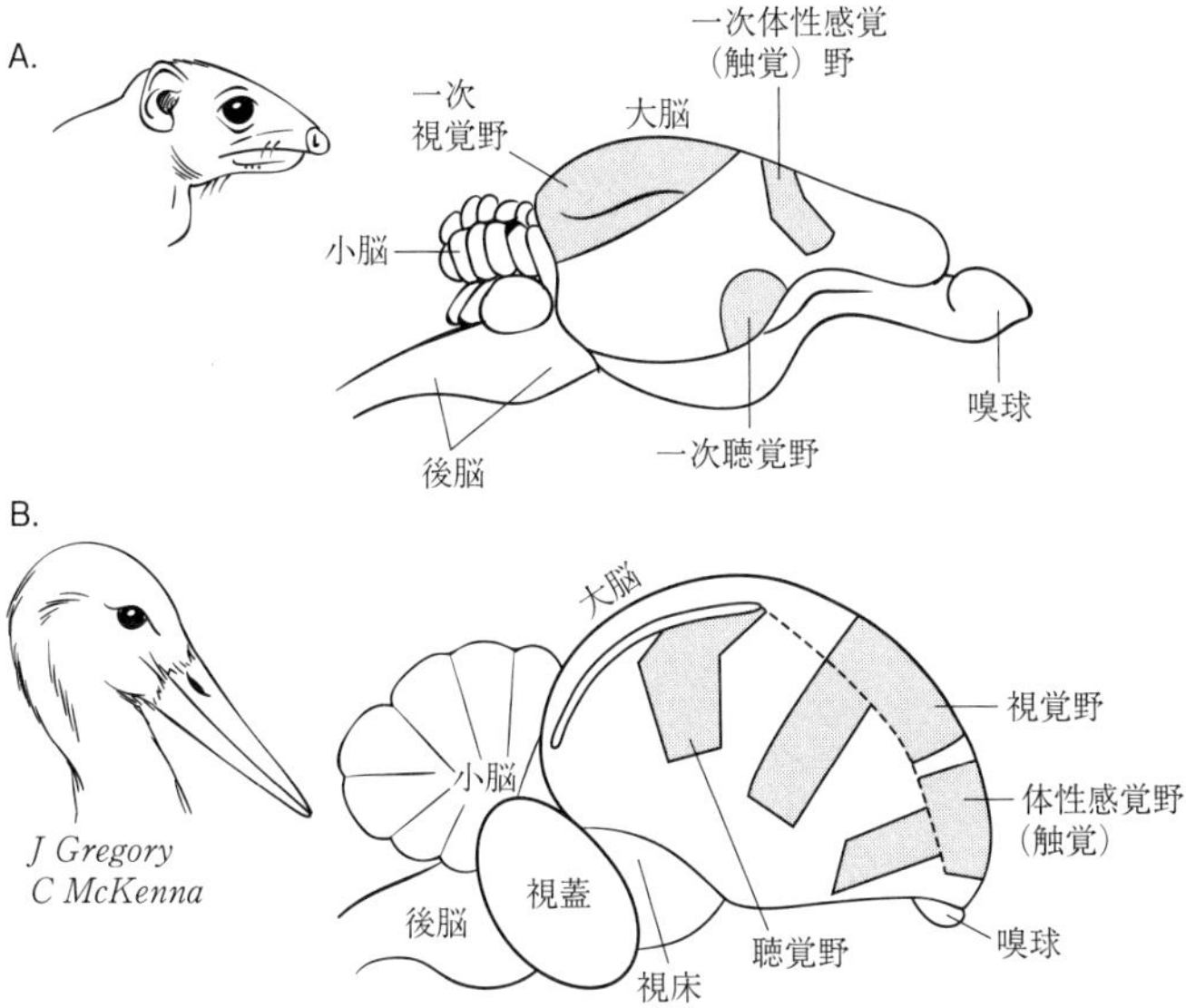

図3・2　哺乳類（ツパイ、A）と鳥類（コウノトリ、B）の大脳にある、意識をともなう心的イメージを担う一次感覚野。どの領域も同型的に地図で表されているが、大脳の別々の位置にある。哺乳類では後方から前方にかけて、視覚、聴覚、そして体性感覚と配置されているが、鳥類では、聴覚、視覚、そして体性感覚である。配置がちがうことから、地図で表されたこれらの感覚野は哺乳類と鳥類で独立に進化したと考えられる。

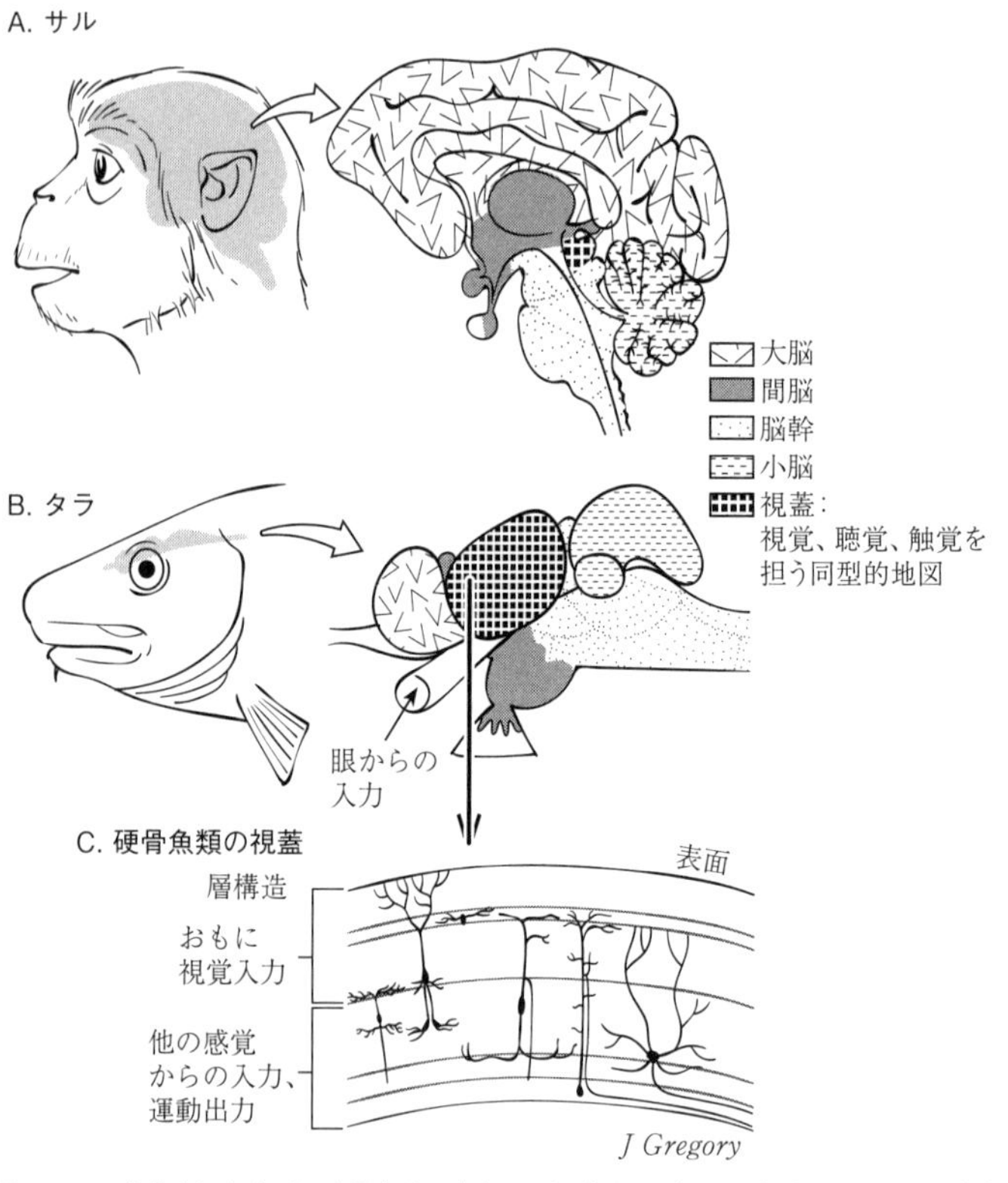

図3・3　哺乳類（A）と硬骨魚類（B）の視蓋と、魚類の視蓋の断面図（C）。Cでは視蓋のニューロンも何種類か描かれている。魚類の視蓋は意識をともなうイメージを作るが、哺乳類の視蓋はそうではないというのが本書の主張だ。Aは縦半分に切った脳でBは切っていない全体の図。

があるという主張は、単に解剖学的な地図に基づいているだけではないということです。そうなるとイメージに基づく意識が脳に占める位置は、系統の根幹から分岐した脊椎動物では視蓋にあったのが、哺乳類の進化の過程で大脳皮質に移ったことになります[注11]。

感覚を統合する神経回路というレベルでの視蓋の脳科学的な研究は、今まさに始まりつつあるところです。しかし高度に情報処理されたイメージを作って空間内で行動を舵取りするほどに視蓋が複雑だということは、初期の研究成果からもなんとなくわかっていました。(キンギョの)視蓋には一五種類におよぶ**ニューロン**★が密に詰まった層が三層以上あり(図3・3C)、たくさんの感覚入力に加えて、動きを制御する低次脳中枢や高次脳中枢との神経連絡が膨大にあります[注12]。

しかし、魚類や両生類ではイメージに基づく意識のすべての仕事を視蓋が果たしていると言いたいわけではありません。視蓋は嗅覚経路からの直接的な入力を受け取らず、**嗅覚**受容を担わないのです。かわりに脳のうち大脳の外套がその任に当たります。つまり嗅覚意識には、最初に進化した脊椎動物から哺乳類に至るまで常に外套が関与してきました。また脊椎動物の脳のなかで記憶が作られる部分つまり**海馬**も、視蓋ではなく外套に位置しています(図4・1参照)。海馬で記憶を呼び起こすという要素は意識に不可欠です。たとえば過去に遭遇した捕食者の姿を覚え脳内で再度経験することで、即座に捕食者を認識し逃げられるのです[注13]。

さらに視蓋は、意識の**レベル**、つまり(動物がどのくらい刺激に注意を払うかを規定する)**覚醒**の程度を決めることもしません[注14]。どの脊椎動物でも同じように、覚醒のためには視蓋以外の脳領域、とくに前脳基底部の各部位や脳幹★の網様体を使っています（図4・1）。これらの領域のニューロンは脳全体に広く投射〔入力〕し、覚醒・警戒・用心にかかわる化学物質を放出します。[注15] まとめると、嗅覚・記憶・覚醒は、意識のうちで「意識を備える」視蓋があまり関与しない部分なのです。

反面、視蓋は意識に欠かせない**選択的注意**を担います。[注16] 私たちは注意している刺激をいちばん意識するので、選択的注意は重要です。すでに述べたように、視蓋は視界のなかでいちばん重要（顕著）な刺激を見つけだし、選ばれたその対象に目を向けさせます。このプロセスをもとに、視蓋は近くにある（峡核と呼ばれる）脳幹の中枢と協同する必要があるとこれまでは考えられてきました。しかし最近、脊椎動物の系統の根幹から分岐したヤツメウナギという魚の研究から、視蓋は単独でこの役割を果たすことがわかりました。しかもその方法がとても興味深いのです（図3・4）。[注17] 周囲の環境にある物体からヤツメウナギに二種類の感覚シグナル（たとえば視覚シグナルと電場シグナル）が送られると、両者の入力が視蓋地図の同じニューロンに**収束**し、ふたつのシグナルが生じた空間内の特定の位置へと目を向けるよう、そのニューロンから信号が出されます。つまりこの研究によって、視蓋がそれ自体で注意を向けさせられるとわかっただけでなく、多数の感覚が集まる脳領域としての役割があるのだとはっきりとしたのです。

空間内で食料や交配相手などの対象物を視覚的に絶え間なく探しだすような注意こそが、「イメージに基づく意識を魚が備えている」ことを明らかにしうるはずだ――マイケル・L・ウッドラフはそう言って、モル・ベン＝トフらのテッポウウオの研究を紹介しています。河口域の水中に棲む

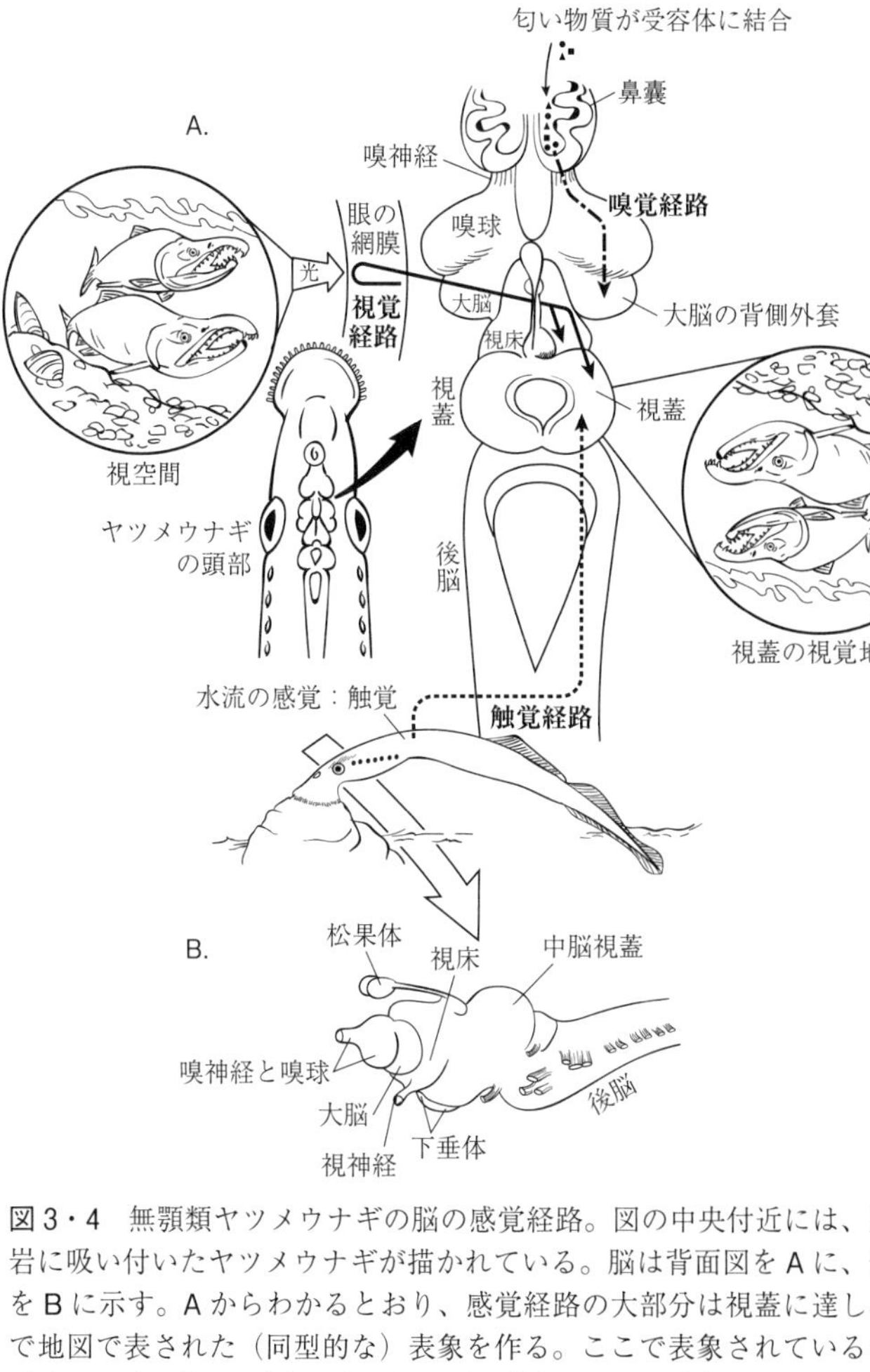

図3・4　無顎類ヤツメウナギの脳の感覚経路。図の中央付近には、川底の岩に吸い付いたヤツメウナギが描かれている。脳は背面図をAに、側面図をBに示す。Aからわかるとおり、感覚経路の大部分は視蓋に達し、そこで地図で表された（同型的な）表象を作る。ここで表象されているイメージは、2匹のサケが産卵のため同じ川に遡上している光景。

テッポウウオは頭上の枝葉に紛れた昆虫を獲物として探しだし、水を噴射して撃ち落とします。それが意識にどうつながるのでしょうか？　それは、背景となる景色とそこにいる獲物の姿の両方を地図の中に表した心的イメージが、テッポウウオにあるはずだからです。またベン＝トフは、この区別を担うニューロンをテッポウウオの視蓋から見つけました。以上をもとに、意識をともなう注意が有顎魚類の視蓋に見られるとウッドラフは言うのです[注18]。

私たちは過去の著作で、意識の起源を明らかにするためにヤツメウナギを重視してきました（図3・4）[注19]。ヤツメウナギは、いままで生き残っている脊椎動物で最古の動物群（円口類）に属す、顎のない魚類です。脳はどの脊椎動物よりも体に比して小さいのですが、それでも脊椎動物にある複雑な感覚器官はすべて揃っています――視覚のための精巧な眼から敏感な触覚、鋭い嗅覚、聴覚、魚類に典型的な水中の電場を感知する感覚まで。脳には文句なしに立派な視蓋があり、ほかの魚類と同じように、多数の感覚にわたる地図に表された★**階層**（ヒエラルキー）的な情報入力を受けます。したがってイメージに基づく意識が魚類にあるなら、ヤツメウナギにもあるのです。

ヤツメウナギを含めた魚類の視蓋にある感覚表象は本当に意識をともなうのか、それが次の大問題です。実はそのとおりなのです。ヒトが経験するようなものも含めたあらゆる感覚イメージと同じように、ヤツメウナギのイメージは第2章で紹介した★**意識についての神経存在論的な主観的特性**（NSFC）の基準を満たし、ゆえに★**主観性**の基準も満たすのです。第一に、イメージは環境へと**参照**されます。言い換えれば、ヤツメウナギは「環境の」複雑な視覚刺激に適切に反応します。第二に、イメージは統一されています。ヤツメウナギは「殺し屋吸血ウナギ」と呼ばれ、泳いでいる魚を寄生の対象に選び、近づき、吸い付きます。このことから、環境中の対象物の大きさ、かたち、動き、色などが統一された感覚イメージとしてヤツメウナギの脳内で「結合」されていると思われます。[注20] 第三に、こうしたイメージは因果を生みます。つまりヤツメウナギの環境刺激への反応は複雑で、長さがあり、計画的で、目的があり、非反射★的であり、動くことで外界の物質変化を引き起こすのです。たとえばヤツメウナギの交配行動は複雑で、川底に巣を作るために岩石を動かすことさえします。[注21] 最後に、感覚イメージは質的です。当然のことながら、意識はそれぞれのクオリア★をたがいに区別して認識します。そして魚類は、音、視覚的特徴、電気シグナル、匂い、味に基づいた高次の感覚的識別ができるのです。[注22]

したがって、魚類の感覚イメージは主観性に関係すると考えられる四つのＮＳＦＣのすべてが備わっており、こうした基準をもとにすると、意識をともなう心的イメージをも作りだしていると言えます。言い換えれば「ヤツメウナギであるとはこんな感じだ、という何か」が存在するのです。とすれば、ネーゲルの有名な問いをくり返せば、「コウモリであるとはこんな感じだ、という何か」はたしかに存在することになります。

ここまでを要約します。まず地図で表された脳内の多感覚表象が心的イメージの存在を示すという、基本となる推論をしました。そしてこの推論を使って、あらゆる脊椎動物にイメージに基づく意識があると推理しました。これを根拠にすれば、哺乳類とヤツメウナギで意識をともなう感覚経路を比較して共通点を見つけることで、共通の意識の特性をさらに探していけます（図2・2、3・4）。これまでに見つかった共通の特徴には、複雑な**感覚受容器**★（眼や鼻など）がたくさんあること、脳、少なくともニューロン三つぶんの階層に配置された感覚経路[注23]、脳内で多数の感覚が一緒に集まる場所、覚醒や注意を向けるのに関する脳部位などがあります。以降の章で、そのような特性をさらに見つけていきます。

脊椎動物に近しい無脊椎動物

いま導きだした特性からすると、原意識のない動物はあまり精緻ではない感覚器や脳しか備えず、世界の統一的イメージを必要としない反射的な行動や単純な動作プログラムしか使わないことになります。脊椎動物にいちばん近しい親戚が意識を備えていると言えるかどうか見てみましょう。海に棲む、魚に似た**ナメクジウオ**★（頭索類）と袋状の**被嚢類**★（ホヤ類）です（図3・5）。脊椎動物の系統と分かれたのは五億二〇〇〇万年以上前、地球史でカンブリア紀と呼ばれる時期だったことが化石記録からわかっています。神経生物学者のサーストン・ラカーリは何十年もナメクジウオと被嚢類の神経系を研究し、これから見る情報の大半をもたらしました[注24]。

本書の基準からすると、被嚢類とナメクジウオの神経系には意識に必要なほどの複雑性はありません。感覚装置もその用に足りません。単純な光受容器や機械的触覚器に、おそらく**化学受容器**★もありますが、脊椎動物にある**カメラ眼**★や音を捉える耳、匂いを嗅ぐ鼻はありません。被嚢類の脳は、

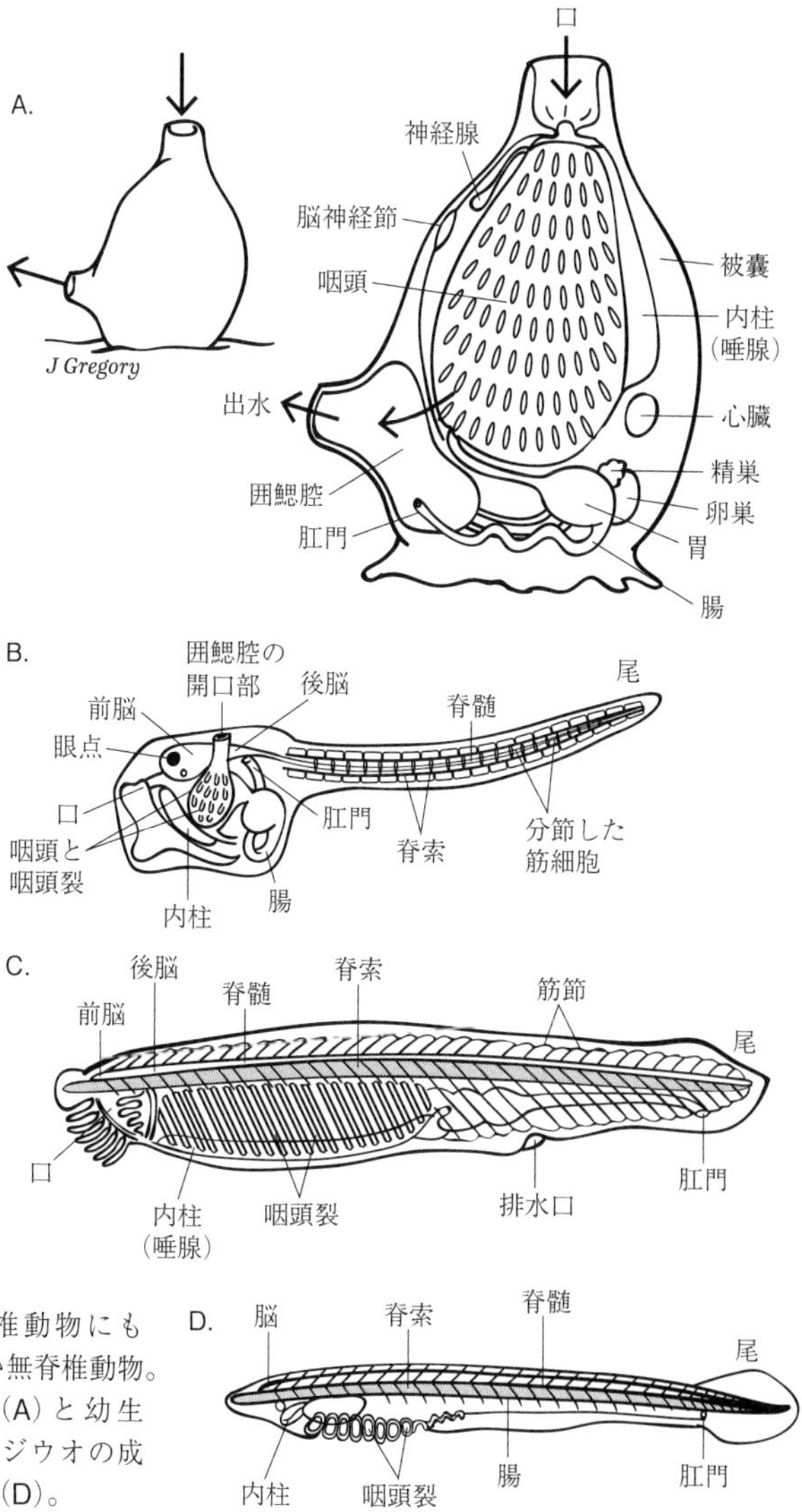

図3・5　脊椎動物にもっとも近しい無脊椎動物。ホヤの成体(A)と幼生(B)、ナメクジウオの成体(C)と幼生(D)。

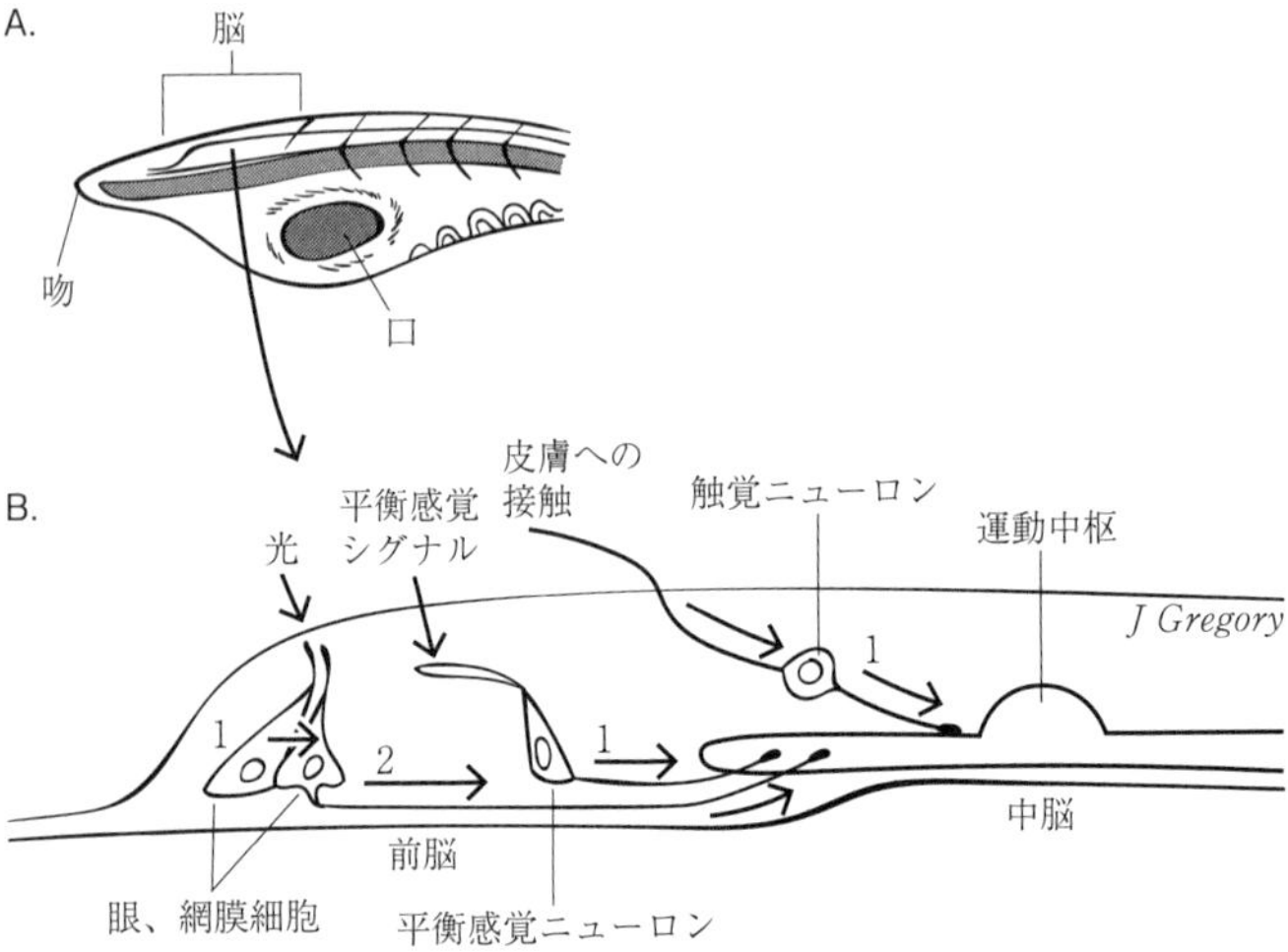

図3・6　ナメクジウオの幼生、シンプルな脳に至る感覚経路が描かれている。Aは頭部領域、Bは脳。感覚経路は、運動上の動作に影響を及ぼす運動中枢に至るまで1つか2つのニューロンしかない。ニューロンが少ないのでわずかな処理しかできず、そのためナメクジウオはおそらく意識を備えていない。

脳神経節ともいいますが、小さくてせいぜい数百個のニューロンしかありません。ナメクジウオでは、若い幼生でしか調べられていないものの、小さな脳までの感覚経路にはたったひとつかふたつの段階の感覚ニューロンしかなく、長大な情報処理階層というよりは〔数個のニューロンが単純につながった〕**反射弓**★に分類されるように見えます（図3・6）。

図3・6からわかるように、感覚はおもに光の検知と機械的触覚であり、運動中枢にシグナル伝達して遊泳運動を引き起こします。[注25] 外套や視蓋はナメクジウオの脳で見つかってはいません。

無脊椎動物から脊椎動物へ

意識に必要な特性が被嚢類やナメクジウオにはないことから、イメージに基づく意識は脊椎動物の黎明期に進化したのではないかと察しがつきます。脊椎動物には意識の特性がたくさんあるのに、被嚢類やナメクジウオには何もないのはどうしてでしょうか？　最初期の魚類でカメラ眼（脊椎動物の眼）が出現したことに関係していると、私たちは考えました。[注26] そういった眼は詳細で完全な、写真のようなイメージを網膜に作り、精緻な視蓋で情報処理されると視空間の心的イメージとなるからです。視覚イメージが進化したあと、ほかの感覚の情報（触覚、水中の音の振動、電場の検知）も新たに進化した視覚地図に統合されました。

とはいえ、カメラ眼がこうしたことを引き起こすためには、焦点をうまく合わせられる**レンズ**（水晶体）が必要です。脊椎動物の眼のレンズは脊椎動物だけに見られる、身体の外表層にある**外胚葉プラコード**★という胚構造から発生します。実際のところ外胚葉プラコードに加え**神経堤**★という脊椎動物だけに見られるほかの胚組織から、脊椎動物とナメクジウオや被嚢類とを区別する、意識に関連した特殊な感覚組織のすべてが発生してきます。音や匂いを感知する細胞などです（図3・7）。[注27]

これを根拠として、とある革命が脊椎動物の黎明期前後に起こっただろうと想定されます。あらゆる感覚が一新、アップグレードされたのです。感覚機能が飛躍的に向上したことで、劇的な進展が脳内で起こりました。イメージを作る眼が改めて精緻になり、洪水のように視覚情報がもたらさ

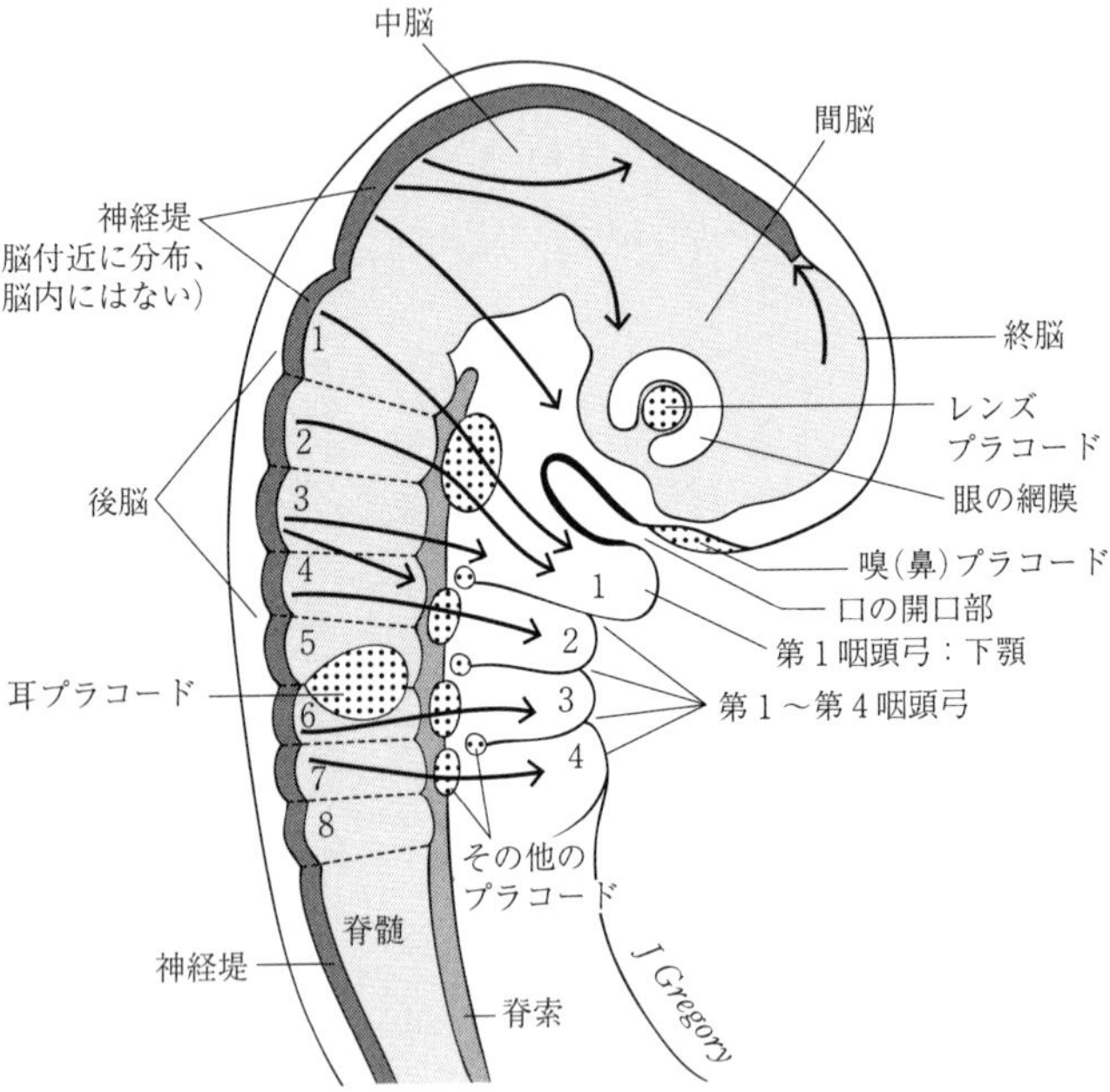

図3・7　脊椎動物胚の頭部領域の神経堤とプラコード。感覚意識に必須の構造。プラコードは点描、神経堤は濃灰色の部分。長い矢印は神経堤が胚体の広範囲を移動することを示す。

れたところに、嗅覚・聴覚・向上した触覚などのプラコード★や神経堤の感覚からやってくる新たな情報が流れ込んだのです。イメージに基づく意識にかかわるあらゆる感覚情報を処理するため、すでに存在する脳部位が拡張することで視蓋や大脳外套が現れました。外套は意識をともなった嗅覚受容部位として、視蓋は視覚などの感覚すべての受容部位として進化したのです。

本章を要約しましょう。同型的地図はイメージに基づく意識の礎（いしずえ）になります。同型的地図は五億二〇〇〇万年以上前の初期の脊椎動物で進化しました。そしてそれは、カメラ眼、神経堤、プラコードという類（たぐい）まれな革新から起きた必然だったのです。こうしたできごとを経て、第2章でおおまかに説明したように、謎めいた説明のギャップや意識の主観的特性が生みだされる目印となる心的イメージがもたらされました。

ただし、どんな外受容感覚意識が生みだされる基盤にも同型的地図がある一方で、厳密にどの脳部位（たとえば、視蓋か大脳皮質か）で外受容感覚意識が生みだされるのかという観点から生物種を比べると、見逃せない多様性があらわになります。次章では、こうした「多様性のなかの共通性」が情感意識にも見つかるのか探っていきましょう。

第4章　脊椎動物の意識を自然科学で解き明かす②情感

どの脊椎動物に情感があるのか？

地図で表された★**心的イメージ**が意識の鍵を握ると考える研究者もいれば、★**情感**が生みだされることに注目する研究者もいます。情感のいちばんの根幹は、★**感情価**をともなった「気持ち」（感じfeeling）です。意識をともなうポジティブやネガティブな気持ちのことです。[注1] ひとつの生物種のなかで、あるいは生物種を超えて、情感の神経生物学的特性を★**外受容意識**と比べ、情感の基礎となる神経生物学的特性とは何かを判断する——そのためにまず対峙すべきは「どの★**脊椎動物**が情感を感じるのか」という問題です。

★**イメージ**に基づく意識があるかどうか判断する基準となった、整然とした★**部位局在地図**は情感意識にはありません。そこで、ある動物が情感を経験するかどうか明らかにする指標は、まったく別のものを見つけなければなりません。事実、ポジティブやネガティブな情感つまり好きや嫌いとい

表4・1　ある動物に情感意識（好悪）があることを示す行動基準

1. 大域的オペラント条件づけ（全身がかかわる、新奇行動の学習）
2. 行動のトレード・オフ、価値に基づく費用対効果の決定
3. 欲求不満行動
4. 鎮痛剤や報酬の自己供給
5. 強化薬剤への接近や条件的場所選好

う気持ちの存在を示す行動に、そうした指標がひととおり揃っていることがわかりました（表4・1）。[注2]ただ単に、有益なものに近づき有害なものを避けるだけでは足りません。細菌（バクテリア）のような、意識を備えていない単細胞生物もそうするのですから。むしろ、このような単純な反応を超えた行動基準ひとつひとつが、情感の記憶や発達した情感、あるいは複数のカテゴリーにわたる〔多様な〕情感があることを訴えかけるのです。

最初の基準は、その動物が**オペラント条件づけ**★と呼ばれる**連合学習**★の一種ができるかどうかということでした。オペラント条件づけとは、レバーを引くと餌ペレットがもらえる学習のような、行動とその行動が引き起こした結果との連合学習です。[注3]対照的に**古典的条件づけ**または**パブロフ型条件づけ**とは、ベルの音などの条件刺激と餌の存在などの無条件刺激とを、条件刺激だけで動物が（たとえばよだれが出るなど）反応するまで連合させる学習です。ふたつの条件づけのうち、オペラント条件づけのほうが複雑で発展的だと考えられています。オペラント条件づけには経験からの学習も含まれており、古典的条件づけ以上の試行錯誤や脳活動、記憶が求められます。というのも無条件刺激は条件刺激を記憶に留めるうえで信頼性が高いので（古典的条件づけでは、ベルの音は常に餌がもらえることを意味する）、学習しやすいからです。

というわけで、オペラント条件づけのほうが感情価の学習やまぎれもない情感状態の記憶に根ざしていると言えそうです。

実際に基準として選んだのは、★**大域的（グローバル）オペラント条件づけ**です。これは全身を使うような**新奇**★行動の学習にかかわります。ただ体の一部分の動きを変えるだけの学習や、かっちりとプログラムされた行動を単に切り替えるだけの学習よりも高度なものです。

近年、ある動物に情感意識（あるいは意識全般）があるかどうか判断する指標として**無**★**制約連合学習**というさらに洗練された学習が提唱されました。ブロンフマン〔認知科学者〕、ギンズバーグ〔神経生物学者〕、ヤブロンカ〔生物学の哲学者〕の主張によれば、単純なオペラント条件づけには新しい対象について特徴のひとつだけを学習することも含まれる一方で、無制約連合学習はそれを上回っています。[注4] つまり無制約連合学習とは対象**全体**の報酬価の学習です。たとえば餌ペレットの見た目、重さ、匂いをまとめて学習することで、餌に見える小石に動物はもう騙されなくなるのです。無制約連合学習は複雑な反応の全ステップを学習する能力のことでもあります。たとえばラットが、餌がもらえるレバーを見つけ、そこまで行き、レバーを押すのがどのくらい大変なのか、いつやめるのかなどを学習する一連のステップです。実際これは、洗練された効率的なやり方で新奇行動を学習することなのです。

ただし、ブロンフマンらは無制約連合学習**こそ**が「最低限の意識〔minimal consciousness〕」への進化的移行の目印であると提唱しています。最低限の意識への進化的移行が起こった目印の**ひとつ**

が無制約連合学習だとするのに異議はありませんし、無制約連合学習が進化を駆動した重要な要素だったのには同意しますが、**唯一**の目印だとするには少し高度すぎる（「無制約」すぎる）ように思えます。もっと制約がある大域的オペラント条件づけを行う動物も情感を備えていそうです。つまり無制約連合学習は最低限の意識が**すでに進化している**脳の特性なのです。

とはいえ私たちと無制約連合学習派は、実際には同じ結論にたどり着きました。どちらも動物行動の文献を調べたうえで、神経系のある動物群はいずれも古典的条件づけによる学習ができる一方で、[注5] 大域的オペラント条件づけや無制約連合学習は脊椎動物、**節足動物**★、軟体動物のうちイカやタコといった**頭足類**★でのみ起こることを見出したのです（第5章）。この本の基準では、情感意識もある動物たちです。魚類、両生類、爬虫類、哺乳類といった脊椎動物の動物群はたしかにすべてこの基準を満たします。[注6]

脊椎動物は情感意識のほかの行動基準も満たします（表4・1）。餌を得られる利益の高さと餌のありかで捕食されるリスクの高さとを天秤にかけるなどの**行動のトレード・オフ**があれば、ふたつの感情価を認識し、天秤にかけていることがわかります。行動のトレード・オフは脊椎動物のどの動物群でも見つかっています。報酬が得られなかった場合、そのあとの振る舞いが攻撃的になるといった**欲求不満行動**が見られれば、ネガティブな気持ちつまり情感が持続する（ゆえに、そういった情感が存在する）ことになります。このような欲求不満は魚類、鳥類、哺乳類で見つかっています。最後ふたつの基準は**鎮痛剤や報酬の自己供給**、そして**強化薬剤**（アンフェタミンやエタノールなど）

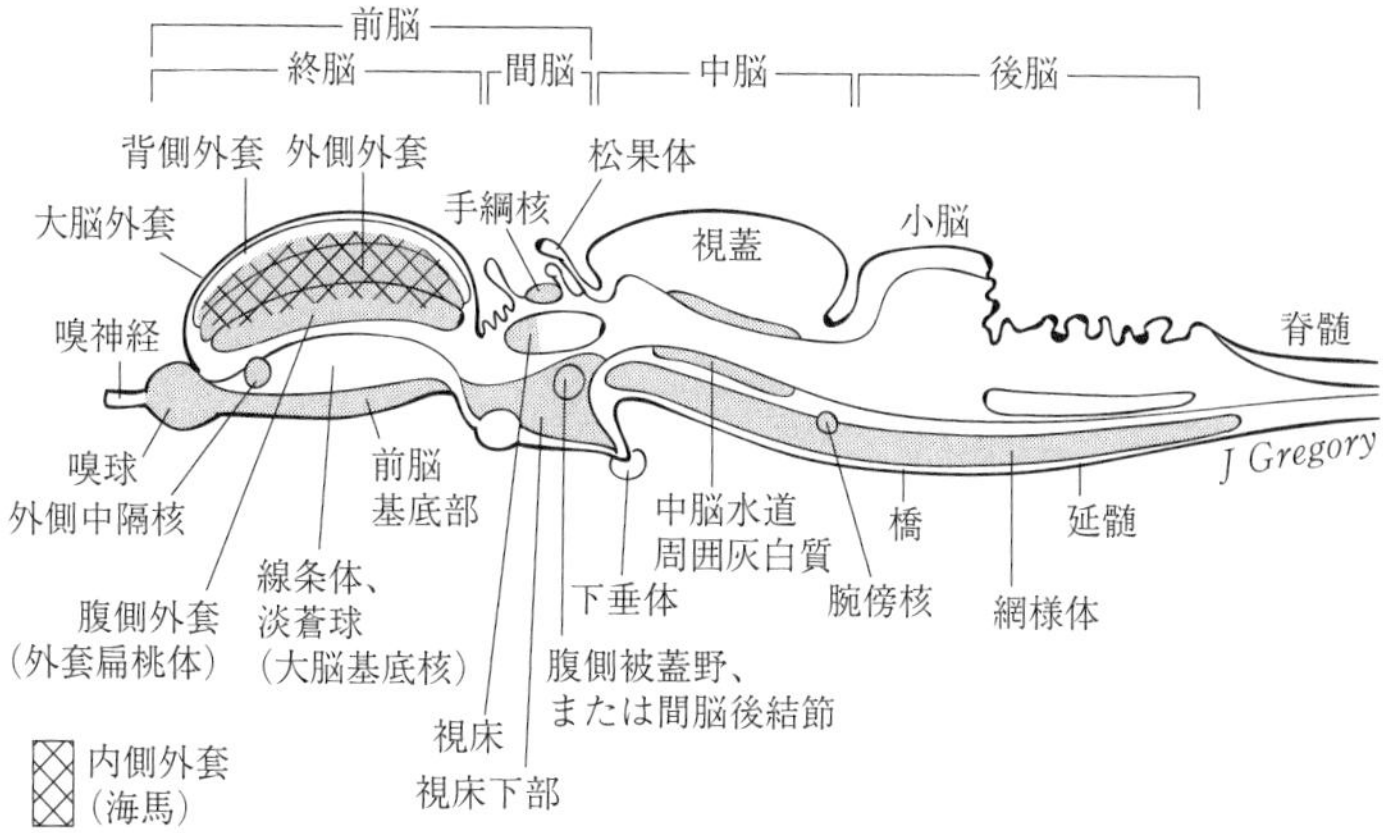

図4・1　ナマの情感や基盤的な情動にかかわる〔模式化した〕脊椎動物の脳領域を灰色で描く。哺乳類の大脳皮質にあたる背側外套★は灰色にはなっていない。これらの構造の多くは図2・3にも描かれている。

への**接近や条件的場所選好**（前に薬剤や報酬を受け取った場所を好むこと）です。これらの基準が役に立つのは、ただの「接近行動」を超えて、ポジティブな感情価がある刺激を活発に探し求めるという高度なレベルのものだからです。脊椎動物のどの動物群もやはりこういった行動を取ることが知られています。[注7] 要約すると、行動研究からすべての脊椎動物に情感意識があることがわかります。

脳の**解剖学的**特徴もこの結論を支持するのでしょうか？　つまりどの脊椎動物にも基本的なナマの情感を担う脳構造があるのでしょうか？　まずはこのような構造をヒトでちゃんと見定めなければなりません。**大脳皮質**★こそが意識をともなった情動の座だとする専門家もいますが、大脳皮質は低次の皮質下脳領域（図4・1の灰色の領域）[注8] が生みだしたナマの情動を調整（抑制）するだけだとする専門家もいます。皮質下に情感があるという説の有力な証拠は、ヒトを含めた哺乳類で大脳皮質がなかったり損傷していたりしても強い情動的反応や情動的行動が見られることです。[注9]

この現象がよくわかる例として、水頭症という状態で生まれてきたヒトの子どもが挙げられます。生まれる前になんらかの原因で血流がせき止められ、発生途中の大脳皮質がほぼ完全に破壊されてしまうのですが、皮質下の脳領域は無傷です。水頭症の子どもは「微笑んだり笑ったりすることで喜びを表現し、『ぐずる』、つまり背中を反らして泣くことで嫌悪を（いろいろな段階で）表現するなど、さまざまな情動状態から生き生きとした表情を見せる——慣れ親しんだ大人ならこの応答をもとに、微笑からにっこり笑い、満面の笑み、大はしゃぎへと表情が次第に変わることを予想しながら遊びの流れを組み立てられる」[注10]のです。

こうした行動から、大脳皮質がなくても情感を経験する子どもがいることがわかります。実際〔神経科学者の〕アレマンとマーカーの最近の調査によれば、水頭症患者は植物状態にあるという通説に反して、水頭症の子どもに情動的行動が見られることを介護者の大多数が報告しています。[注11]

さらなる証拠として、電極を使って皮質下の脳領域を電気刺激すると、皮質下から情感が生じうることが挙げられます。これは、**脳深部刺激法**〔deep brain stimulation DBS〕[注12]という外科手術で行われます。脳深部刺激法では内側**前脳**★束〔medial forebrain bundle MFB〕という神経線維の束を刺激するのですが、この束を通して情感にかかわる数多くの領域が相互に連絡しています（図4・2）。

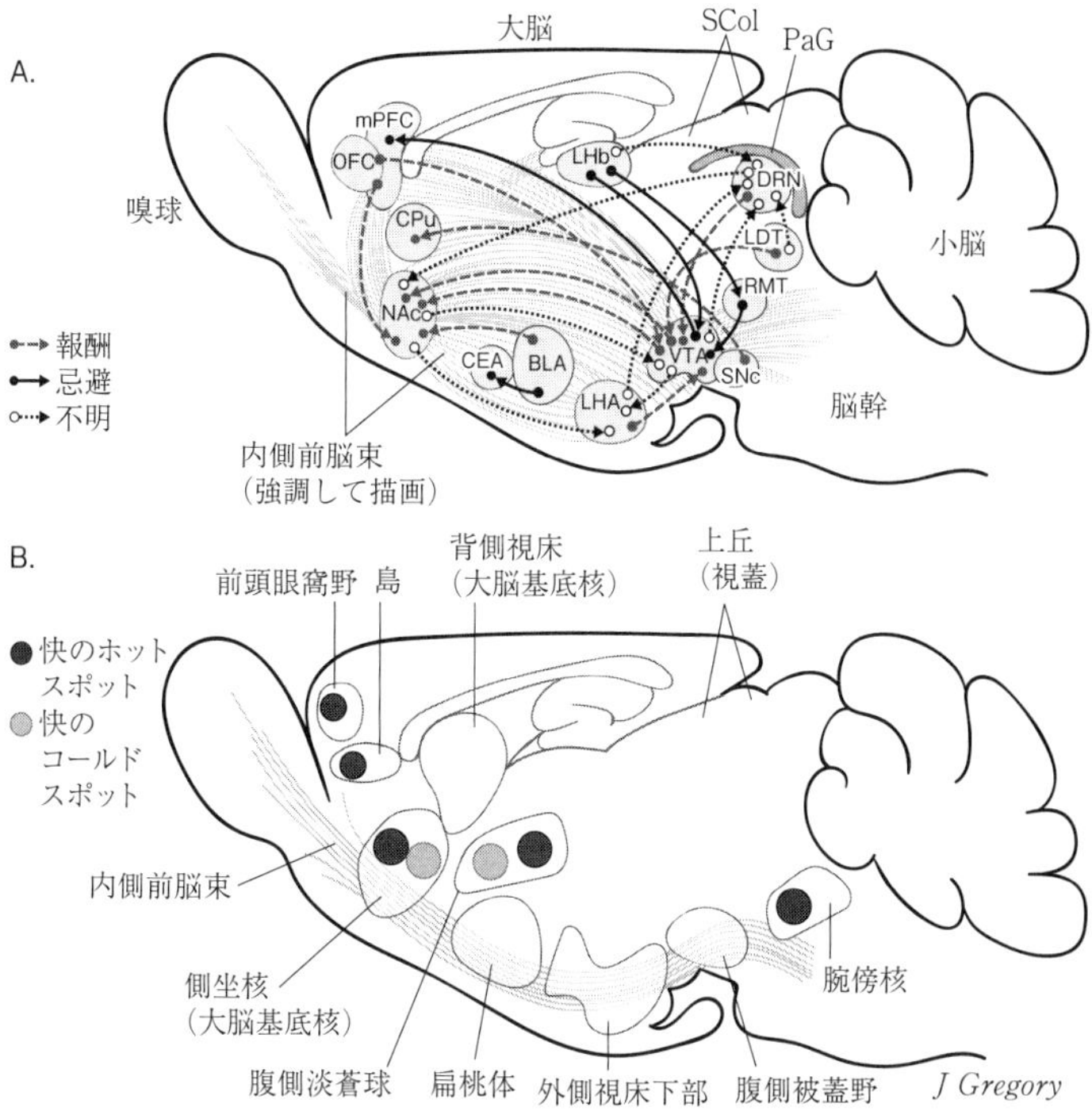

図4・2　情感（ポジティブな情動やネガティブな情動）にかかわる齧歯類の脳領域。軸方向については図3・1Fを参照。ふたつの図の両方で、情感領域を相互につなぐ内側前脳束の繊維（薄灰色）が描かれている。Aでは主な情感中枢と、報酬や忌避をコードする感情価による中枢間の相互連絡が描かれている。Bではラットの脳の一部の情感領域にある快のホットスポット（黒色の点）とコールドスポット（灰色の点）が描かれている。これらのスポットは各領域にオピオイド薬を投与し、そのラットが砂糖を味わったときに快を示す表情が増加するか減少するか調べることで見つかった。AはHu 2016の図3から、BはBerridge and Kringelbach 2015の図1から改変。Aでの略称：BLA 扁桃体（外側基底部）、CEA 扁桃体（中核部）、CPu 尾状核と被殻（大脳基底核の線条体）、DRN 網様体の背側縫線核、LDT 網様体の背外側被蓋核、LHA 外側視床下部、LHb 外側手綱核、mPFC 大脳皮質の内側前頭前野、NAc 大脳基底核の側坐核、OFC 大脳皮質の眼窩前頭野、PaG 中脳水道周囲灰白質、RMT 網様体の吻側内側被蓋核、SCol 上丘（視蓋）、SNc 大脳基底核の黒質緻密部、VTA 腹側被蓋野。

内側前脳束のある部分を刺激すると、ヒトはネガティブな情動（恐怖、憤怒、パニック）を感じますし、ラットは同じネガティブな情動を経験しているかのように、いつも逃げようとします。また内側前脳束の別の部分を刺激すると、ヒトはポジティブな情動（思いやり、陽気さ、色情、好奇心あふれた探索への欲求）を感じますし、ラットは脳深部刺激装置を自分で作動させます。つまり同じようにポジティブな情動を経験し、その経験を持続させたがっているのです。[注13] 以上の証拠のいずれも、どの哺乳類にも情感意識があり、皮質下の特定の脳構造がそれを担っていることを示しています。

となると、哺乳類以外の脊椎動物にも情感を担う同じ脳中枢があるのかどうかという疑問が浮かびます。哺乳類以外の脊椎動物では脳刺激によって機能を調べる実験はこれまで行われていないので、それに答えるためには解剖学のみのアプローチしか取らざるをえません。情感にかかわる脳構造に関する文献に当たったところ、脊椎動物の全体で非常によく保存されていることがわかりました。魚類にも、情感にかかわる構造のほとんどがあります。これまでの発見をかいつまむと（ファインバーグ&マラット『意識の進化的起源』の表8・4〜表8・6より）[注14]、ヤツメウナギでは〔情感にかかわる〕二五個の構造のうち一九個、硬骨魚類では二五個のうち二三個があることがわかりました。つけ加えると、哺乳類の脳で情感にかかわるたくさんの領域を相互につなぐ重要な構造である内側前脳束（図4・2）は、ヤツメウナギを含め脊椎動物のどの動物群にもあります。[注15] つまり、情感意識にかかわる脳構造はあらゆる脊椎動物にあるのです。

情感回路

第3章でイメージに基づく意識を議論したときには、神経回路がイメージに基づく経験をどのように引き起こしていそうか容易にわかりました。部位局在地図による世界と身体のシミュレーションを作りあげることによってです。では神経回路と情感意識の経験とを結びつけることもできるでしょうか？　こちらはそれほど容易ではありません。情感にかかわる神経回路には部位局在地図がほとんどないからです。また情動にかかわる脳中枢はイメージにかかわる外受容経路よりも数が多く分散しており、上行性軸索から多くの分枝を受けています（図2・3）。さらに情感経路は外受容経路よりも相互に連絡しあう軸索の分枝も多く、神経系のさまざまな部分にシグナルを送っているのです。情感回路は外受容回路より、短距離で作用する**神経伝達物質**★を使うことが少なく、遠くまで拡散する**神経修飾物質**★を使って伝達をすることが多いのも違いのひとつです[注16]。

こうした区別はあいまいに見えるかもしれません。ですが最近の齧歯類の研究から情感にかかわる構造についてもっと確実な情報がもたらされました。情感系の**ニューロン**★それぞれが別々の感情価を符号化（エンコード）しているのです（図4・2A）。つまり特定の種類のニューロンはポジティブな報酬シグナルのみを運び、ほかの種類はネガティブな嫌悪シグナルのみを運ぶのです。こうした**感情価ニューロン**★はそれぞれの＋（プラス）や－（マイナス）のシグナルを、電気的な発火パターンとほかのニューロンにシグナルを送るときに放出する化学物質の種類（予測どおり報酬が得られたことのシグナルを送るドーパミンなど）の両方としてコードします。感情価ニューロンの場所、標的、ネットワークは報酬経路と嫌悪経路とで別々です。ある場所では、感情価ニューロンは「感情価地図」を作り、そこでは、たとえば＋ニューロンは快（喜び）の脳内「ホットスポット」を作りだします（図4・2B）[注17]。

ウィリアム・E・アレンらによる、マウスを用いた最近の研究では、特定のニューロンが感情価つまり情動を符号化（エンコード）する別の例が見つかりました[注18]。この研究によって脳の**視床下部**★にある「渇きニューロン」にまつわる**内受容意識**★と情感意識との密接な関連性（第2章）が確かめられました。渇きの情感は、飢えや空気飢餓（息苦しさ）とともに、身体の**恒常性**★（ホメオスタシス）を維持するための基本衝動を制御する「**原初の情動**★」だと考えられています[注19]。

マウスを使ったまた別の新しい研究で、カルロス・A・カンポスらは「危険」シグナル、つまり皮膚の**痛み**★や大きな音や危険なほどの満腹を伝えるシグナルを運ぶ感情価ニューロンを見つけました。内受容経路の腕傍核（図2・3）にあり、シグナルによって扁桃体などの情感の脳中枢から恐怖反応が引き起こされるのです[注20]。

渇きニューロンでも危険ニューロンでも、ニューロンは単に好き嫌いというよりはずっと高度な情感情報をコードできるように思えます。

脊椎動物の情感系は分散しており、相互に連絡するさまざまな部位はたがいに機能的に重複しているように見えても、各部位はたしかに独自の情感機能のために特殊化しています。図4・1と図4・2にあるような、恐怖や情動学習にかかわる扁桃体、罰や失望をコードする外側手綱核、動機に基づく報酬探索にかかわる側坐核、覚醒にかかわる網様体の前方一部[注21]、中核的情動や情欲を制御するために理性をはたらかせる大脳皮質の各部分（たとえば図4・2にある前頭眼窩野）などです。さらに研究が進めば、情感系は精巧に組み立てられて高度に分化した構造であることがわかり、改めて振り返れば、どのように組み立てられているのかやっと認識されはじめたに過ぎなかったことが明らかになるのかもしれません。

ほかにも、情感の脳領域は行動のなかで動作を選択する前運動領域と密接にかかわっていることがわかりと最近になってわかりました。この現象は哺乳類で、**大脳基底核**★（身体動作の前運動領域）の動機づけ中枢である側坐核（図4・2）や、視床下部（消化のための腸運動や心臓の拍動といったさまざまな体内の動作にかかわる前運動領域）に情感シグナルの強い入力があることから見てとれます。ほかの例としては、中脳水道周囲灰白質という情感領域が、逃走したり、防御のために身体を丸めたり、発汗したりなどのパニック動作の運動シグナルを伝えることが挙げられます（図4・2A）[注22]。

感情価と運動出力の密接な関係は、無脊椎動物のウミウシ類や巻貝類の脳内にある原始的な行動回路でも見られます（図4・3）[注23]。こうした回路は真の情感を生みだすには単純すぎるかもしれませんが、それでも原理原則はわかります。ここでは到来した感覚シグナルが「誘因（インセンティブ）の統合中枢」でポジティブな感情価かネガティブな感情価か割り当てられます。そしてこの中枢は、そばにある**中枢パターン生成器**★〔central pattern generator CPG〕という摂食運動や移動運動（ロコモーション）のくり返しを制御する前運動回路と連絡を取り合っています[注24]。つまり感情価はこれら二種類の運動が実行されるかどうかに影響を及ぼしているのです。それぞれの回路にはウミウシ類では数個のニューロンしかなく、多段階からなる処理機構に接続しているわけでもありません。このシンプルなシステム★は、誘因回路や前運動回路がはるかに複雑となり、多くの段階や下位中枢がある脊椎動物のものと好対照をなしています。

これまでの分析で、あらゆる脊椎動物にはイメージに基づく意識とならんで情感意識があることがわかりました。イメージに基づく意識と比べると情感意識は神経回路としても機能としてもちがっています。たとえば感情価をコードするニューロンや、そこで使われる神経修飾物質、非部位局

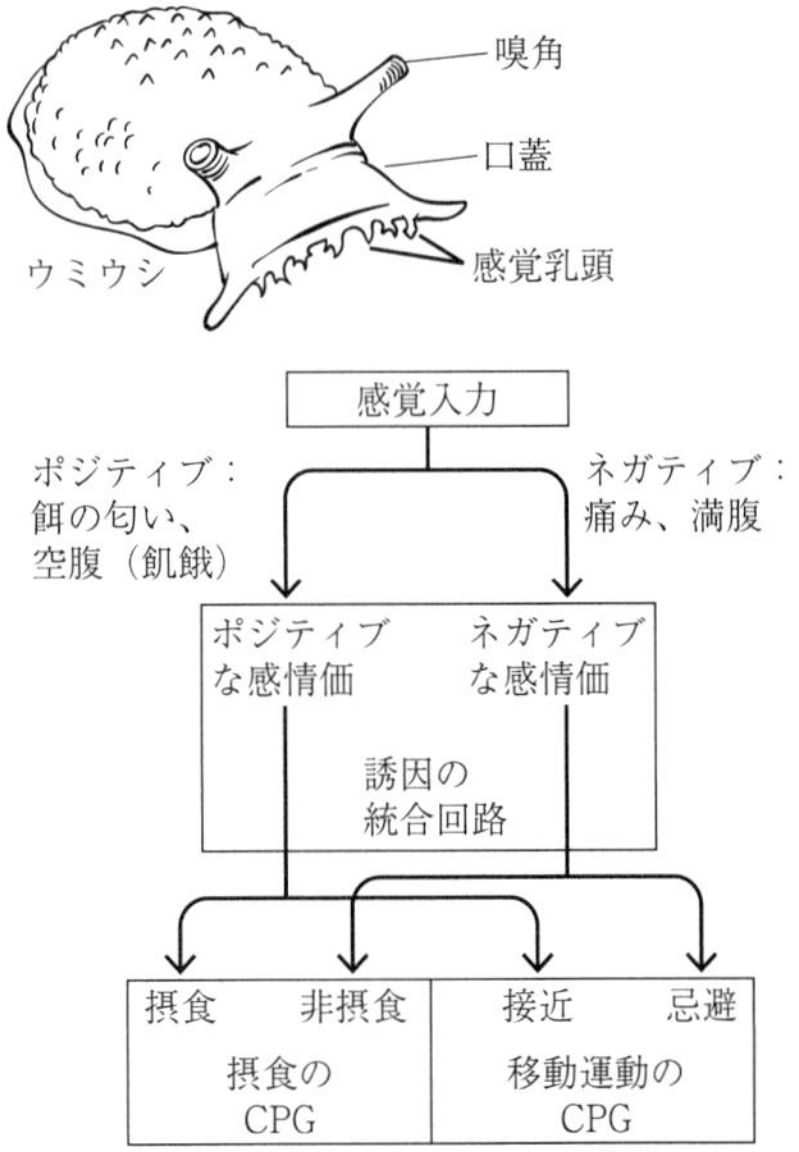

J Gregory

図 4・3　ウミウシ（*Pleurobranchaea californica*〔プレウロブランカエア・カリフォルニカ〕）の、もっともシンプルで祖先的かもしれない基盤的な感情価回路。**上側**：ウミウシは感覚の鋭い口蓋で餌などの外界の刺激を感じるほか、空腹か満腹かも感じる。**中央**：感じ取られた刺激は誘因統合回路でポジティブな感情価かネガティブな感情価かに割り当てられ、そこから中枢パターン生成器（CPG）に摂食運動や移動運動を始めるか止めるかが伝えられる（**下側**）。

在的な構成です。

これら二種類の意識には共通点もあります。経路に**階層**★（ヒエラルキー）があること、さまざまな感覚から、また**注意**★や記憶の中枢からの入力を受けることなどです。また脊椎動物の外受容意識、情感意識、内受容意識を比べると、これらの多様な意識状態が由来するのは哺乳類の皮質視床系だけというわけでなく、魚類や両生類の**視蓋**★（ほとんどの**遠距離感覚**★について）や、どの脊椎動物にも見られる皮質下の情感系の構造（ほとんどの情感について）にも由来することがわかりました。

というわけで、意識や**主観的**★経験とは何かについて、ここでいくつかのことが導きだせます。まず脊椎動物の意識では、それぞれの種の脳内（外受容／内受容／情感領域）でも種間でも（たとえば魚類の視蓋か哺乳類の大脳皮質か）機能や神経解剖学的構造はさまざまです。そうはいっても、それぞれの意識や生物種の間で共通の要素も見つかります。一定レベルの神経階層の複雑性に達した動物すべてに**一般的な特性**★として多様性と共通性が見られるのか判断するために、脊椎動物からさらに進んで、多種多様な無脊椎動物に意識が見つかるのか、またそうだとすれば、どのように意識が生みだされるのか見ていきましょう。

第5章　無脊椎動物の意識という問題

意識を生みだす要素について、種内〔同一種の脳内〕や種間で多様性を見いだし、共通点を探すこと――念押しすれば、これこそが意識を自然現象として解き明かす私たちの理論の核心です。これまでは**脊椎動物**での多様性と共通性について考えてきましたが、**無脊椎動物**にも意識があると主張する研究者はどんどん増えています。[注1] 意識を自然現象として説明する理論を構築するにあたって、この問題は見過ごせません。というのも、もし無脊椎動物の一部に意識があるとわかれば、どんな神経解剖学的基盤が意識を生みだしうるかについて理解が大きく広がり、脳の解剖学的構造を種内比較、種間比較して共通要素を探すためのデータがさらに得られるからです。

脊椎動物にもっとも近しい無脊椎動物である**被嚢類**〔ホヤ類〕や**ナメクジウオ**には、かなりシンプルな脳しかないうえに〔意識に必要な〕基準を満たすような**遠距離感覚**もありません。そのため意識は備わっていないだろうとすでに推理しました（第3章）。ほかの無脊椎動物はどれも脊椎動物とは遠縁で、およそ**前口動物**★に分類されます。前口動物という動物群には、**センチュウ**★、扁形動物、ミミズなどの蠕虫（ぜんちゅう）類〔ウジ虫のような姿をした動物の総称〕や、軟体動物、**節足動物**★、腕足類〔シャミセンガイ類〕などがいます。どの前口動物にも神経系があり、多くは脳もあります。前口動物のうち、「関節が足にある」という意味の節足動物（昆虫、クモ、カニ、ムカデなど）と、軟体動物のうち〔イカ、タコなどの〕**頭足類**★という動物群には非常に複雑な脳や感覚、行動が見られるので、意識があるかどうか私たちは検討を重ねてきました。

脊椎動物で意識の有無を判断した基準（第3章、第4章より）を、節足動物と頭足類にも適用します。まず**情感意識**★から考えてみましょう。情感経験の存在を示す行動には、**大域的**（グローバル）**オペラント条件づけ**★、トレード・オフ、欲求不満、薬剤や報酬の自己供給、薬剤への接近や条件的場所選好があったことを思い出してください（**表4・1**）。節足動物とくに昆虫には、右のすべての行動をとるのが確かめられています。[注2] 頭足類は気まぐれで、実験のときに言うことを聞かないこともしばしばですが、調べられている限りではどの基準も見事に満たしています。[注3]

次に**イメージ**★に基づく意識を見てみましょう。脊椎動物から、以下の判断基準が導きだされたことを思い出してください。視覚・聴覚・嗅覚などの遠距離感覚を司る感覚器官があること、感覚経路で**ニューロン**★の連鎖が複雑になっていること、脳内に地図で表された神経表象があること、**注意**★と記憶にかかわる神経回路があることなどです。イメージ形成のできる**複眼**★をはじめ、昆虫にはいずれの特徴もありますが、脳が小さい（**図5・1**）ため意識を処理するのに十分なニューロンがあ

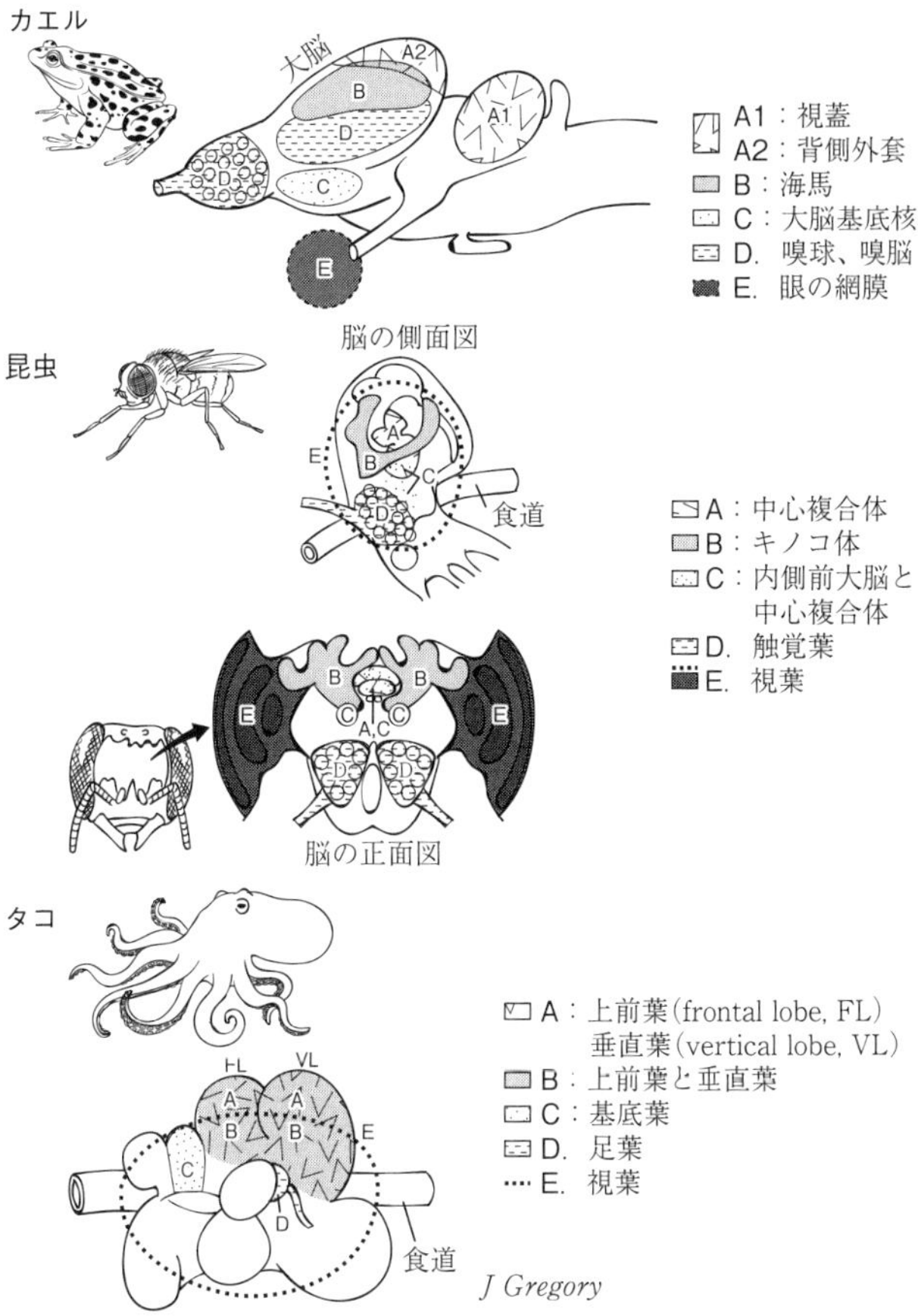

図5・1　昆虫およびタコの脳と脊椎動物（カエル）の脳との比較。おもには側面から見た図。3種の〔動物の〕脳で意識にかかわる類似の機能を果たす領域が、同じパターンで塗りつぶされている。詳しい情報は、Barron and Klein 2016; Shigeno 2017 を参照。機能は類似してはいるが、3つの脳はそれぞれ独立に、脳を備えていない祖先の蠕虫のシンプルな神経系から進化した（第7章）。A イメージに基づく意識、B 記憶、C 前運動中枢、D 嗅覚処理、E（点線）視覚処理。

るか疑念が残ります。[注4] 昆虫の脳には一〇万個から一〇〇万個のニューロンがありますが、脊椎動物の脳には種によって一〇〇〇万個から八五億個ものニューロンがあります。[注5] 頭足類の場合は（図5・1）、右に挙げたイメージに基づく意識の神経基準をすべて満たします。ただ、①脳回路についてはまだ研究の途上で、②神経系や行動プログラムの多くは脳ではなく腕〔の**神経節**★〕に位置しています。それでも頭足類の脳は無脊椎動物でもひときわ複雑で、五〇〇〇万個のニューロンがあります。[注6] 体の大きさと比べれば、頭足類の脳は爬虫類の脳と同じくらい大きいのです。

センチュウや扁形動物など、前口動物のなかでもそれほど複雑ではない脳を備える無脊椎動物を見てみると、私たちの考える意識の基準をほとんど満たさないこともわかりました。センチュウ（線形動物）は詳しく調べられていますが、情感意識は明らかにありません。つまり古典的条件づけしか見られず、★**大域的**（グローバル）**オペラント条件づけ**がある証拠はわずかで、**無制約連合学習**★（第4章）についてはまったく見つからないのです。[注7] イメージに基づく意識に話を移しても、センチュウはやはり不合格です。単純な触覚・化学感覚・光受容感覚からの感覚情報を統合できはしますが、周囲の空間モデルを作りだせるような精緻な遠距離感覚はなく、記憶も限定的です。[注8] そのためセンチュウは、自分がどこにいるかの図面を持ち合わせていません。餌や交配相手に向かう感覚経路を見失うと、その経路に復帰しようとして（システマティックにではあれど〔注9を参照〕）盲目的に探索します。意識を備える動物であればそうはならず、採餌行動に方向性が見られます。これは心に空間の見取り図があることの証左です。[注9]

頭足類を除き、たいていの軟体動物には脳はほとんど、あるいはまったくありません。ただし**腹足類**★（巻貝、ウミウシ、アメフラシやその近縁種）は頭部に脳らしき神経節が揃っています。*Aplysia*〔アプリシア〕というアメフラシや*Pleurobranchaea*〔プレウロブランカエア〕というウミウシ（図4・3、図6・3）はとくに詳しく研究されていますが、脳や感覚器官はシンプルで、単純で非大域的（グローバル）な**オペラント条件**★づけしか見せません。そのため**原意識**★を備えているかは疑わしくなります。とはいえ腹足類には、イメージ形成眼を備えるものや（たとえばヨーロッパモノアラガイ*Lymnea*〔リムネア〕）、ブロンフマンらの学習の基準〔第4章〕に迫る「二次学習」〔条件づけで学習した刺激を使って新たな条件づけ学習ができること〕ができるものがおり（*Helix*〔ヘリックス〕というカタツムリ）、こうした種は意識を備えるか備えないかの迫間（はざま）にいるのかもしれません。[注10]

いまのところ無脊椎動物のなかでは、節足動物と、軟体動物のうちの頭足類が意識を備えている可能性がもっとも高そうです。頭足類はいまや動物の意識の分野の注目の的で、驚異的な知的能力と、意識を備えている証拠をまとめた二冊の近作の題材にもなりました。サイ・モンゴメリーの『愛しのオクトパス—海の賢者が誘う意識と生命の神秘の世界』とピーター・ゴドフリー＝スミスの『タコの心身問題—頭足類から考える意識の起源』です。[注11] ジェニファー・マザー、ベンジャミン・ホフナーらによる数多くの研究も特筆に値します。[注12] どれも傑作ですので、ここではタコが意識を備えていることを支持する事例をくり返すに留めます。たとえば（イメージに基づく意識によって）タコは個人個人を区別でき、（情感意識によって）好き嫌いを区別して嫌いな人間には（水鉄砲のように〕漏斗から水を吹きかけるという証拠が挙がっています。またタコは遊びさえするかもしれません。たとえばシアトル水族館のタコが〔水表面に浮かんだ〕プラスチックボトルに水を吹きかけて遊んだという報告があります。遊びに興じるということは「喜び」というポジティブな気持ちの存在を示し、意識を備えていることを意味するのだと断定する研究者もいます[注13]。

一方で節足動物は脳が小さいため、意識については議論の余地がまだあります[注14]。具体的には、特定の節足動物が意識を備えているかどうか、すべての節足動物が同じ種類の意識を備えていなければならないのか、などです[注15]。節足動物の脳はいずれも共通に同じ構成部位からなるという根拠から、どの節足動物も意識を備えているという見方が有力だと思われます。実際、化石証拠によれば五億年以上前に最初の節足動物が現れたときから、基本的な脳構造は同じまま引き継がれてきたことが確かめられています[注16]。だとしても本書の目的からすれば、節足動物のうち一種でも意識が備わっていることさえ示せれば、動物界における意識の多様性と共通性について知るには十分です。

この目的を達成するため、ハチの行動についてとくに重要な研究をふたつ紹介しましょう。ハチは昆虫の中で最大の脳を備え、もっとも複雑な行動を見せます。ふたつの研究のうち、ひとつはハチがイメージに基づく意識を備えていることを、もうひとつは情感意識を備えていることを示しています（図5・2、図5・3）。イメージに関する研究をしたのは、カリン・フォーリア、マシュー・コルボーン、トーマス・コレットです[注17]。次のように実験をデザインしました。まず縦長の箱の中で、餌へと続く反対側の端の穴までハチを飛ばします。そのハチは穴の周りの〔二種類の〕縞模

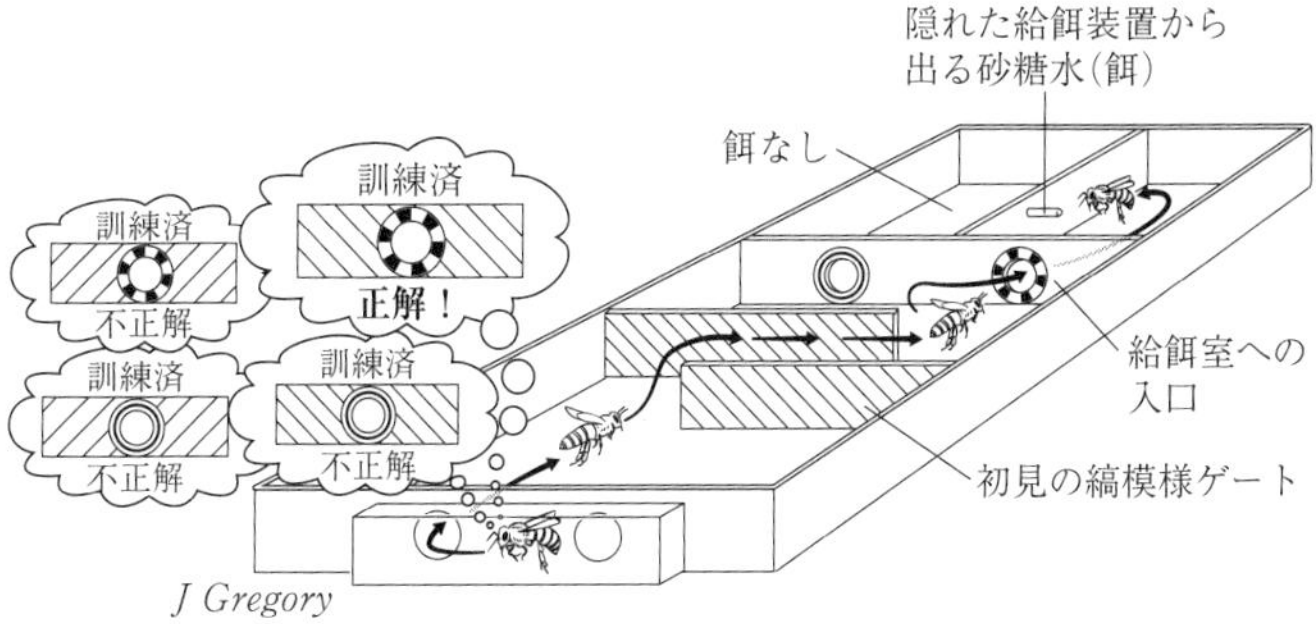

図5・2　イメージに基づく意識がハチにあるかどうかのテスト。ハチは「巣」の小部屋から出て縦長の箱の中を飛び、反対側の端に隠された餌を探す。左側の思考ふきだしは、裏側に餌があるのは縞模様と蛇の目模様の組み合わせ4種類のうちのどれか、ハチがあらかじめ訓練され覚えていることを表す。だが本番では、縞模様と蛇の目模様は訓練のときのように同時に呈示されるのではなく、蛇の目模様を視覚的に遮るゲートに縞模様が描かれている。餌にたどり着くには、ハチは正解の模様の組み合わせを覚えていなければならない。Fauria, Colborn, and Collett 2000 より。

様と〔二種類の〕蛇の目模様の（複数ある）組み合わせのうち、どれが裏に餌がある印（しるし）なのかわかるよう、あらかじめ訓練しています。しかし本番では課題はもっと難しくなっていて、〔縞模様と蛇の目模様の〕**両方**の模様を〔別々に〕記憶し、思い出せなければ成功しないようになっています。そしてハチはそれをやってのけました。視覚に関する**心的イメージ**★を形成したということです。つまりハチは、イメージに基づく意識を備えているのです。[注18]

　ハチに情感状態があるかどうか検証する研究を行ったのは、クリント・ペリー、ルイージ・バシャドンナ、ラルス・チッカです。[注19] ここでは判断バイアスというパラダイム〔問題の設定・解決法〕が使われました。これはヒトや哺乳類で感情が存在しているかを調べるのによく使われるテストですが、哺乳類以外に適用されたのは初めてのことでした[注20]。前提となるのは、「ポジティブな情感状態にある主体は、あいまいな（中間の）刺激に対してもポジティブな結果を予想しているかのように反応する」ということです。手順としては、まずハチを訓練して特定の色が報酬の大きな餌（砂糖）を、別の色は無報酬を意味すると覚えさせます。そして中間の色にどう反応するのか、事前に砂糖をほんの少しだけ味わわせた場合とそうでない場合とで実験します。その結果として、たしかに事前に砂糖を与えたハチのほうが餌を探しているとき中間の色に反応する傾向が高かったのです。ハチは**判断バイアステスト**★に合格したのであり、ハチには「情動のようなもの」があると、論文では慎重ながらも結論づけられました。しかし私たちには、ハチはたしかにポジティブな情感を経験している、あるいはわずかな時間ながら良い気分に高揚しているとさえ言えるのではないかと思えます。この知見から、頭足類と脊椎動物に加えて、ハチも意識を備えていると考えられます。

要するに、ほとんどの無脊椎動物は意識を欠く一方で、節足動物と頭足類は脊椎動物と同様に意識を備えているのです。脊椎動物は前口動物とはかなり遠縁で、前口動物のなかでも節足動物と頭足類はたがいに遠縁です。そのため、これら三つの動物群の脳と意識は独立に進化したはずです。生物学者はこうした現象を「同じ形質の収斂進化」と言います。哲学の用語では「多重実現可能性」（同じものがさまざまな方法で作られること）に相当します[注21]。

脊椎動物、節足動物、頭足類は地球上でひときわ活発な動物たちです。複雑な環境空間のなかを

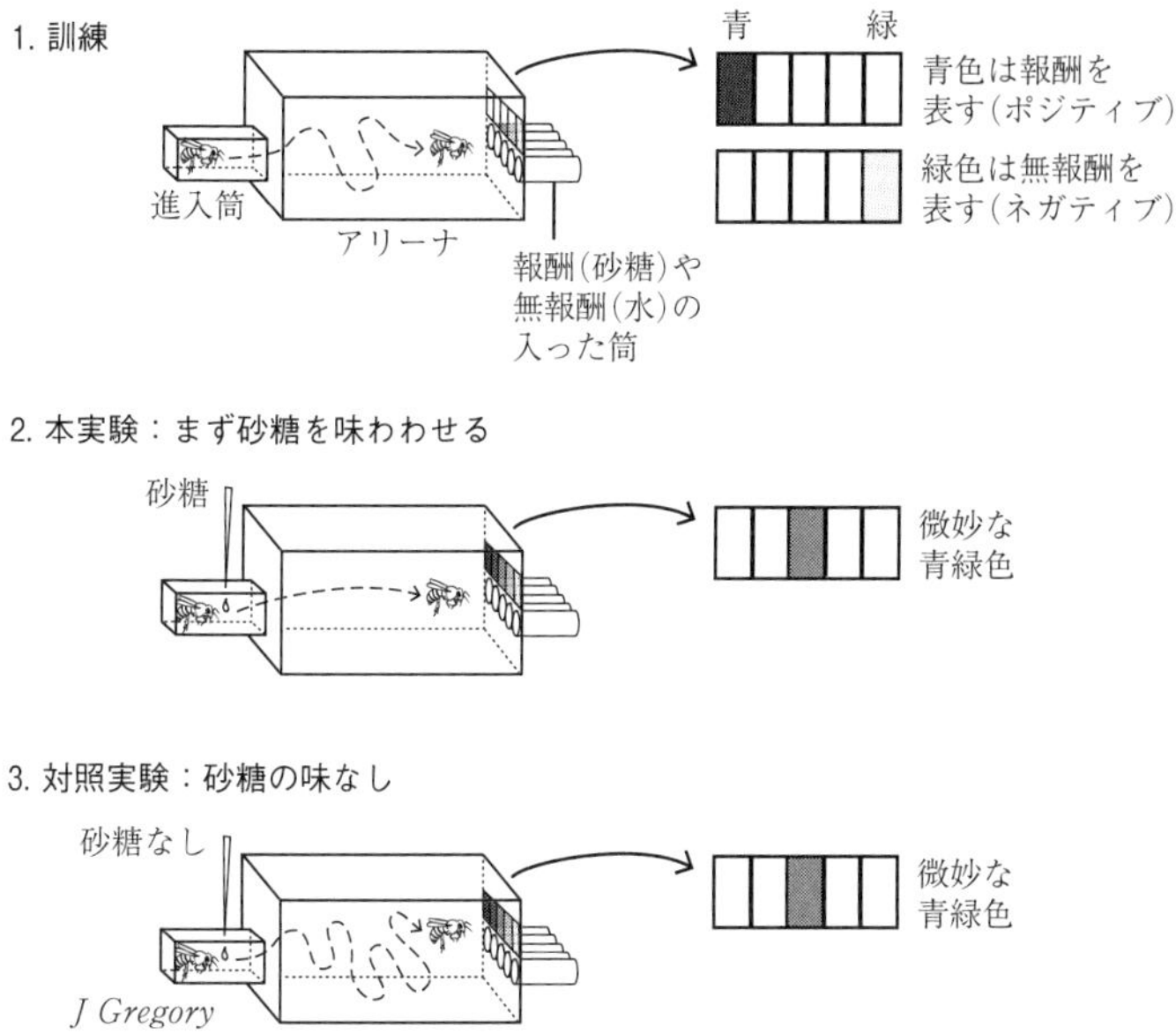

図5・3　ハチに情感意識があるかどうかのテスト：判断バイアステスト。1. ハチを訓練して、青色の目印は報酬の大きな砂糖が入った筒を、緑色の目印はただの水（無報酬）の入った筒を表すことを覚えさせる。2. 本番の実験では、ハチは進入筒で砂糖をわずかに与えられ味わったのち、微妙な中間色の目印を見せられる。3. 対照実験では、微妙な色の目印に到達する前に砂糖を味わわせない。実験全体としては、事前に砂糖の味を与えられたハチがあいまいな色の筒にすぐさま向かうのかどうかを調べる。そうであるなら、事前処理がハチにポジティブな影響を与えていることになる。ハチはこのテストに合格した。Perry, Baciadonna, and Chittka 2016 を簡略化。

動き回り、とびきり複雑な感覚器官を揃えています。このことから、意識はすぐれた移動運動（ロコモーション）能力やナビゲーション能力とも相関があると言えます。

無脊椎動物の知見から、意識は多様であるという証拠がさらに増えました。（脊椎動物のすべて、そして頭足類、節足動物をはじめとする）精緻な遠距離感覚と階層性を備えた十分に複雑な脳とがある動物には、どんな進化系統であれ、みな意識が生じうるらしいのです。しかし、こうした意識を備えた多様な脳から、共通する特性が見つかりそうだということでもあります。共通点を突き合わせて定式化すると、意識を生みだす普遍原理について何がわかるのでしょうか？　次章では、この疑問に取り組みましょう。

第6章　意識を生みだす特性とは何か

ここまで、意識にはいくつもの姿（★イメージに基づく意識、★内受容意識、★情感意識）があり、神経基盤や生みだされる経験の質に違いがある点で多様だということを確かめました（第2章）。また意識はヒトのみ、または哺乳類のみ、あるいは哺乳類と鳥類のみに限られ、いわゆる★**意識の神経相関**には発達した★**大脳皮質**と★**視床**（および鳥類での相当物）が必要だと主張する一部の学者に反して[注1]、意識の神経基盤は多様であり、すべての★**脊椎動物**と一部の無脊椎動物に意識が備わっているということもわかりました（第3章〜第5章）。つまり意識をともなう★**イメージ**や情感の神経基盤に大脳皮質はなくてもよく、それほど精緻ではない脳構造でも十分なのです[注2]。

個々の脳内でも種間でも意識がこれほど多様なら、共通の特性を見つけたくなります。つまり自然現象として意識を生みだせる特性であり、★**主観性**に固有（ユニーク）な特性とは何かを解明するのに役立つでしょう。第3章から第5章にかけてそうした共通素材がわかってきたので、本章で一覧にまとめます（表6・1〜表6・3）。のちの第8章では、こうした共通の特性を使って「主観性や**説明のギャップ**★はどのように自然現象として生みだされるのか」を議論します。

この章ではまず、意識を生みだす共通素材のうちもっとも基盤的なものを、すべての生命に備わる**一般的な生物学的特性**★とします（表6・1）。そこから意識が進化した、意識や主観性になくてはならない性質です。

次に、生命に備わる一般的特性に**ニューロン**★が加わり、**反射**★、ネットワーク、そして基本的な生存行動を制御するシンプルな脳を組み上げました（表6・2）。意識そのものではないものの、**原意識**★や主観性を生みだすのに欠かせません。

第三に、反射や**中核脳**（コア・ブレイン）★（右の「シンプルな脳」）に特別（ユニーク）で**特殊**（スペシャル）★**な神経生物学的特性**が加わり、多様な意識をすべてもたらしました（表6・3）。意識に固有な特性であり、意識を欠く動物には見られません。こうした特性があるからこそ、脳は意識への壁を乗り越えられるのです。三段階の特性が、新しい**物理的特性**も「神秘的な」特性もなんら必要なく、自然かつ連続的な過程で生じること——それを論証するのが私たちのねらいです。

一般的な生物学的特性（表6・1）

第1章で議論したように、どの生命にも非生物的な自然物には見られない固有の原理と機能が特徴として備わっており、意識や主観性が生みだされて進化するのに寄与します。

表6・1　意識を定義する特性（第一段階）：すべての生物に備わる一般的な生物学的特性

生命・身体化・プロセス
- 生命：エネルギーを使って自己、成長、反応性、増殖、変化への適応性を維持する。既知の生命はすべて細胞性生物である。
- 身体化：外界から境界で隔てられた内部のある身体。
- プロセス：生命の**機能**は物質的なものではなく、複雑でダイナミックなプロセス。

システム、自己組織化
- システム：全体として見た実体。各部分の配置と相互作用が重要。
- 自己組織化：各部分の相互作用がシステム全体の大域的段階（グローバル・レベル）のパターンを作りだす。

階層（ヒエラルキー）
- 単純な段階（レベル）からより複雑な段階まで、相互作用する段階がいくつもある、複雑なシステム。各段階がたがいに入れ子状になることもある。たとえば高分子が細胞に、細胞が組織に、組織が生物に。新しい段階が付け加わり低次の段階と相互作用することで、自然な過程として新たな創発的特性がシステム全体に現れることがある。

目的律と適応
- 目的律：プログラムされた目的指向な機能を果たす生物学的構造。
- 適応：自然選択で進化した目的律的な構造や機能。

表6・2　意識を定義する特性（第二段階）：神経反射とシンプルな中核脳（コア・ブレイン）

速度
- 反射などの神経伝達はおしなべてほかの大規模な生理学的プロセスに比べて格段に速い。そのため刺激に反応して大きな身体を動かせる。

連絡性
- シンプルな反射弓ではニューロン数個がシナプスで鎖状につながる。複雑な反射弓になると連鎖（chain, C）やネットワーク（network, N）にニューロンが多くなる。また感覚入力（sensory input, S）やニューロン間の相互作用（interaction, I）も増え、情報処理（process, P）の能力も高まる。

複雑性の増加
- 〔上記の頭文字の〕CNSIP がさらに大きくなることで、複雑な神経系、ひいては意識がもたらされる。

中枢パターン生成器による基本運動プログラム
- 意識の存在なしで必要不可欠な反復的行動を制御する。

中核脳（コア・ブレイン）の特性
- 覚醒や注意の制御を担う修飾性感覚運動中枢。
- 体内の恒常性（ホメオスタシス）を維持する複雑な反射。
- リズミカルな移動運動（ロコモーション）などの基本運動プログラム。
- 自動的で、意識をともなわない。

表6・3　意識を定義する特性（第三段階）：原意識を備える動物に見られる特殊な神経生物学的特性

（シンプルな中核脳（コア・ブレイン）を超える）神経の複雑性

- 多数のニューロンからなる脳。
- ニューロンに多数のサブタイプがある。

精緻な感覚器

- イメージを作りだす眼、触覚を担う多様な機械受容器、匂いや味を識別する★**化学受容器**。
- 豊富な感覚情報を得るための高い移動運動能力。

固有の神経間相互作用をともなう神経階層

- 各感覚階層内、階層間で起こる広範な相互（再帰・反回）伝達。
- 脳波の振動よる同期的伝達は感覚統合と心的イメージの生成に必要かもしれない。
- 階層の高次段階で複雑な情報処理と意識の統合が可能となる。
- 階層があることで意識はコンマ数秒先に起こることを予測できる。

地図で表された心的イメージや情感状態を生みだす神経経路

- ★**同型的表象**：外界や身体構造の位置特異的な地図としてニューロンが配置される。
- 情感状態：位置特異的地図ではなく符号化（エンコード）された感情価から生まれ、階層やネットワークは多数の中枢に分散し神経修飾が使われる場面も多い。
- 同型的表象と情感状態のいずれも脳の前運動領域に入力。空間内での行動を動機づけ、誘導制御する。

意識の構成要素としての注意

- 選択的注意の脳内メカニズム：環境中の顕著（サリエント）な対象に意識の焦点を合わせる。関連する特性として**覚醒**もあり、意識レベルを調整する。

記憶

- 経験が時間的に連続するには最低限の短期感覚記憶が必要。より高度な長期記憶は意識が生まれすぐ進化した。しかし意識が生まれる前に最初からそれ以上の記憶があった可能性は否定できない。

Book review

MARCH 2020

3月の新刊

勁草書房
〒112－0005 東京都文京区水道2－1－1
営業部 03－3814－6861 FAX 03－3814－6854
ホームページでも情報発信中。ぜひご覧ください。
http://www.keisoshobo.co.jp

表示価格には消費税は含まれておりません。

軍事組織の知的イノベーション

ドクトリンと作戦術の創造力

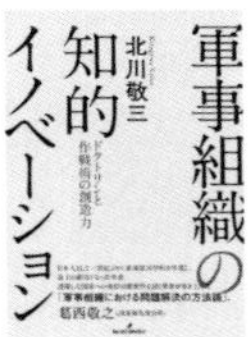

北川敬三

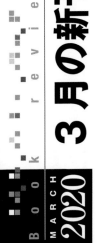

軍事組織は大きな問題に直面したとき、その解決方法をどのように生み出していったのか。その知られざる知的創造力を描き出す。

A5判上製 256頁 本体4000円
ISBN978－4－326－30287－1

冷戦後の東アジア秩序

秩序形成をめぐる各国の構想

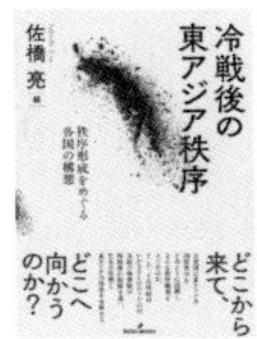

佐橋 亮 編

東アジアの国際秩序はどこから来て、どこへ向かうのか。主要国の認識、構想、そしてその帰結を追い、東アジアの将来を見定める。

A5判上製 312頁 本体4200円
ISBN978－4－326－30288－8

スタートアップの知財戦略

事業成長のための知財の活用と戦略法務

山本飛翔

海法会誌 復刊第63号

日本海法会 編

Book review

勁草書房

MARCH
2020

http://www.keisoshobo.co.jp

表示価格には消費税は含まれておりません。

3月の重版

技術者倫理の現在
大石敏広

単なる知識の寄せ集めでなく、みずから「考える」整合的な知へ！　技術者倫理の全体像を捉え、考える力を身につけるための入門書。

A5判並製 216頁　本体2500円
ISBN978-4-326-10206-8　1版2刷

入門　中国思想史
井ノ口哲也

夏王朝から中華人民共和国までというこれまでにないスケールで、時代ごとの中国思想の特質を平易に解説。新しい中国思想史の描き方。

A5判並製 260頁　本体2800円
ISBN978-4-326-10215-0　1版7刷

キリスト教概論
新たなキリスト教の架け橋
古川敬康

科学の時代にキリスト教を学ぶ意義とは。聖書の「おとぎ話」の背後にある、当時の人々が捉えたできごとの意味を、平易な言葉で解説。

A5判並製 228頁　本体2300円
ISBN978-4-326-10233-4　1版5刷

自己心理学セミナー
自己理解に役立つ13章
金築智美 編著

「自分のことをもっと知りたい」「自分の心の健康を保ちたい」「自信がなく人づき合いも苦手」そんな声に応える新しいテキスト。

A5判並製 208頁　本体2000円
ISBN978-4-326-25126-1　1版2刷

新版　現代教育学入門
小澤周三・小澤滋子・
新井郁男・石井正司 著

教育の意義・思想・社会的基礎・教育制度・教育課

沿岸域管理法制度論
森・川・海をつなぐ環境保護のネットワーク
三浦大介

森―川―海岸へとつながる空間を沿

現代経済学のコア
経済数学
藤田　渉・福澤勝彦・
秋本耕二・中村博和　編

経済学で使われる数学を初歩の基本

ライブ・経済学の歴史
〈経済学の見取り図〉をつくろう
小田中直樹

経済学は生きてい

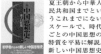

分かりやすいテキスト。

四六判上製 228 頁　本体 2600 円
ISBN978-4-326-29804-4　2 版 16 刷

する。

A5 判上製 264 頁　本体 2500 円
ISBN978-4-326-40303-5　1 版 3 刷

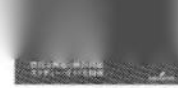

練習問題。

A5 判並製 368 頁　本体 3200 円
ISBN978-4-326-54772-2　1 版 14 刷

四六判上製 292 頁　本体 2400 円
ISBN978-4-326-55046-3　1 版 8 刷

ジェンダーと セクシュアリティで 見る東アジア

瀬地山 角 編著

東アジアの性、家族、社会。何が変わり、何が変わらなかったのか？ 2000年代以降の状況を気鋭の研究者たちが新たな視角から切り込む。

A5 判上製 328 頁　本体 3500 円
ISBN978-4-326-60298-8　1 版 2 刷

大学での学び方

「思考」のレッスン

成城大学共通教育研究センター 監修
東谷 護 著

高校までの「お勉強」と大学での「学び」はどう違うか。受身型勉強から自ら考え表現する学問的姿勢の架け橋として考える方法を解説。

四六判上製 168 頁　本体 1800 円
ISBN978-4-326-65324-9　1 版 8 刷

マス・メディア時代の ポピュラー音楽を読み解く

流行現象からの脱却

東谷 護 著

流行現象から当時の世相や文化・社会構造を読み解く。楽曲を精査し、ポピュラー音楽を文化装置として分析する研究の新たな可能性。

四六判上製 224 頁　本体 2800 円
ISBN978-4-326-65398-0　1 版 2 刷

宇宙と地球の自然史

大井万紀人

必然と偶然の糸で紡いだ織物のような宇宙の歴史137億年。人間の宇宙観の変遷とともに、その内容を振り返る1冊。

A5 判並製 212 頁　本体 2300 円
ISBN978-4-326-70074-5　1 版 2 刷

保健医療 ソーシャルワーク論 ［第 2 版］

田中千枝子

医療と福祉の現場を橋渡しする医療ソーシャルワーカー養成における基幹科目用必携テキスト。最新の法制度変更を反映した改訂版。

B5 判並製 192 頁　本体 2400 円
ISBN978-4-326-70081-3　2 版 4 刷

テキスト　臨床死生学

日常生活における「生と死」の向き合い方

臨床死生学テキスト編集委員会 編著

病気や事故等突然放り込まれた現場で死生の判断を求められる。そんな時、どう考える？ 当事者としての市民とこれから現場に入る人の為に。

B5 判並製 208 頁　本体 2400 円
ISBN978-4-326-70083-7　1 版 3 刷

社会福祉概論 ［第 4 版］

現代社会と福祉

小田兼三・杉本敏夫 編著

社会福祉の理論・法制など基礎知識から分野の現状と課題まで、最新制度改革を反映した第4版。各種福祉士・保育士を目指す人のために。

A5 判上製 288 頁　本体 2800 円
ISBN978-4-326-70095-0　4 版 3 刷

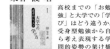

福祉の基本体系シリーズ 1

社会福祉の基本体系 ［第 5 版］

井村圭壯・今井慶宗 編著

社会福祉の歴史・法律・組織・制度・施設・技術・資格――想いを形にする力を得るために。最新データを網羅した第5版。入門者必携。

A5 判並製 168 頁　本体 2000 円
ISBN978-4-326-70097-4　5 版 4 刷

……から逆算して解説。

A5 判並製 304 頁　本体 3600 円
ISBN978-4-326-40375-2

……を紹介し、海商法の将来を見すえる学術専門誌。

A5 判並製 136 頁　本体 5000 円
ISBN978-4-326-44956-9

民法 3　親族法・相続法［第 4 版］

我妻 榮・有泉 亨・遠藤 浩・
川井 健・野村豊弘 著

小型でパワフル名著ダットサン民法。相続法、成年年齢、特別養子に関する改正を盛り込み、さらにパワーアップ。

四六判並製 448 頁　本体 2200 円
ISBN978-4-326-45120-3

中京大学経済研究所研究叢書第 27 輯

グローバル化と地域経済の計量モデリング

山田光男・増田淳矢 編著

グローバル化した経済における日本や地域の諸課題を分析し、新しいモデル技法や分析方法の開発につなげることを目指す。

A5 判上製 288 頁　本体 4200 円
ISBN978-4-326-54977-1

シリーズ　数理・計量社会学の応用　1

美容資本

なぜ人は見た目に投資するのか

小林 盾

なぜ人びとは内面が大切だと思っていても、見た目を意識せざるをえないのか。ハンサムや美人は、ほんとうにモテて、幸せなのか。

四六判並製 248 頁　本体 2700 円
ISBN978-4-326-69842-4

勁草書房
http://www.keisoshobo.co.jp
表示価格には消費税は含まれておりません。

2019年　勁草書房売上ベストテン

(2019年1月～2019年12月　intage調べ)

第1位　［けいそうブックス］

天皇と軍隊の近代史

加藤陽子

戦争の本質を摑まえるには何が必要なのか？　天皇制下の軍隊のあり方の特徴と変容を、明快な論理と筆致で描き出す。

本体 2200 円　ISBN978-4-326-24850-6

第2位　［けいそうブックス］

マンゴーと手榴弾

生活史の理論

岸　政彦

個人の語りに立脚する社会学の理論と実践。私たちは

第6位

地域包括ケアと医療・ソーシャルワーク

二木　立

「介護医療院」創設の狙いとは？　「エイジレス」就業の意味とは？　介護保険法改正の背景から論じ、地域包括ケアの今後を展望する。

本体 2500 円　ISBN978-4-326-70107-0

第7位

計算論的精神医学

情報処理過程から読み解く精神障害

国里愛彦・片平健太郎・沖村　宰・山下祐一

精神医学が抱える諸問題を整理し、脳の計算原理を数理的に表したモデルを用いる新たなアプローチの可能

日本人は右傾化したのか

データ分析で実像を読み解く

田辺俊介 編著

ヘイトスピーチ、日本スゴイ系番組、安倍政権の長期化……私たちは本当に右傾化したのか？　大規模な全国調査と統計学で検証する。

本体 3000 円　ISBN978−4−326−35179−4

第4位

海洋戦略論

大国は海でどのように戦うのか

後瀉桂太郎

主要６カ国の海洋戦略を追い、その変化の決め手を探る。戦略研究のフロンティアを切り拓き、安全保障環境の見取り図を示す一冊。

本体 4000 円　ISBN978−4−326−30275−8

第5位

孤立不安社会

つながりの格差、承認の追求、ぼっちの恐怖

石田光規

人とつながっていても不安がなくならない。つながる機会の多さと裏腹に増してゆく不安。現代社会の孤立問題を多角的に読み解く。

本体 2800 円　ISBN978−4−326−65418−5

［笑うケースメソッドⅢ］

現代日本刑事法の基礎を問う

木庭　顕

［笑うケースメソッド］第３弾は、もちろん刑事法篇！学生たちが立場を超えて、問題の根本を古典的に、ゆえに新たに掘り下げる。

本体 2700 円　ISBN978−4−326−40366−0

第9位　［けいそうブックス］

政治に口出しする女はお嫌いですか？

スタール夫人の言論 vs. ナポレオンの独裁

工藤庸子

女は政治に口出しするな？　会話と文章を武器にナポレオン独裁に抵抗、自由主義思想の祖となったスタール夫人の闘いを描く。

本体 2400 円　ISBN978−4−326−65417−8

第10位　［けいそうブックス］

社会制作の方法

社会は社会を創る、でもいかにして？

北田暁大

「社会秩序はいかにして可能か」をめぐるhowの問いとwhatの問い。この社会学の根本をめぐる問題をあらためて問い直す。

本体 2500 円　ISBN978−4−326−65415−4

たとえばどの生物も、単細胞動物や植物でさえ、外的環境から切り離された内部を備えた、**身体化されたシステム**★です。これは意識の決定的な特性として存続する、生物の一般的な特徴です。生命とは一般に、とくに意識は、動物が身体化されることで備わる特性であり、境界のある物体としての身体と脳をそれぞれ存在の拠りどころとしているのです。

生命も意識も、ともに身体化された生物のみに生じるのなら、両者の特性はすべて生物個体それぞれに私的（パーソナル）で固有のものだということになります。その意味では、意識が私的なのは、もとより生命が私的なことに端を発するのです[注3]。ここが主観性とは何かを理解するうえで核心となるポイントです。第8章でまたこの話に戻りましょう。

次に、生命や意識は構造物や有形物ではなく、むしろ**プロセス**です。生物学では、生命プロセスを「生理〔physiology〕」と呼びます。意識研究では、「意識」「心」「主観的経験」といった言葉は、実は脳のはたらきによるプロセスを指しています。とすれば「原意識」「**クオリア**★」といった名詞を使うのは少し語弊があります。実際には物（もの）（名詞）ではなくプロセス（動詞）の話をしているのですから[注4]。いずれにせよ常に心に留めておくべきなのは、意識とは生きている脳がなすことの一面だということです。つまり意識の神経相関についての理論はなんであれ、神経解剖学的な特性に基づく**機能**を説明しなければならないのです。

第三に、マイアなど多くの人々が強調するように、いかなる生物もシステムとして各部分が組織化されており、生きているシステムに固有な機能は、**階層**★構造に拠って立っています[注5]。各段階が入れ子状になって、小さい箱から大きい箱へと次々に連なっているように見えるので、マイアは生物に見られる階層を**構成的階層**★と呼びました。たとえば、原子・分子・高分子・オルガネラ・細胞・組織・器官は構成的階層として連続的な包含関係をなしています（図6・1）。

　低次階層に高次の複雑な階層が加わって相互作用すると、新たな特性どころではない（以前には存在しなかったような）**新奇特性**★をシステム全体が獲得する――これが構成的階層の面白い特性のひとつです。そうした新しい特性は「創発的性質」とも呼ばれます。[注6] たとえば体内の原子や分子はそれ自体が「生きている」わけではありませんが、「生きている」という性質は、細胞やそれ以上の生命体に備わる創発的システムとしての性質であり、そこに神秘はないのです。

　意識に関して「創発」を論じた著作の数は多いものの、[注7] ほとんどは本書の埒外にあります。私たちの見立てとしては、サールと同じく、[注8] 脳や意識に当てはまる創発はほかの自然界に見られる創発

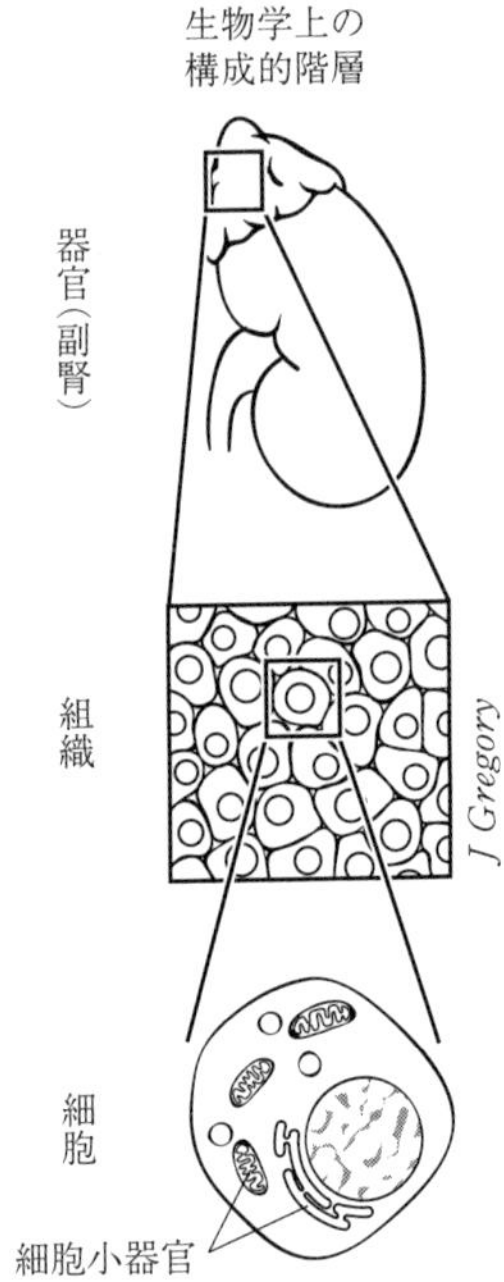

図6・1　構成的階層：低次階層から高次階層が構成される生物学的階層システム。副腎（腎臓の上にある器官で、身体がストレスに対処するのを助ける化学物質を分泌する）は組織から、組織は細胞から、細胞は細胞小器官から構成される。さらに、細胞小器官は高分子から、高分子は低分子から、そして低分子は原子から構成される（図示せず）。

〔水分子が集まることで水としての流体性を備えるなど〕とまったく同じものなのです。とはいえ脳や意識にはほかの生命現象より数多くの階層が複雑にかかわり、固有の新しい特性がたくさん現れます。

ほかにも**目的律**★と**適応**★が生物の一般的特性に挙げられます。端的に言えば、生命体はプログラムされた目的指向の機能を果たし、そのほとんどは遺伝子の指令によるのです。適応とは、自然選択によって進化した目的指向の機能（あるいは目的に合致した構造）であり、あらかじめデザインされたのでも、意識をともなった意志によって必然的に企図されたわけでもないのです。[注9] 生物、そして〔生物個体内の個々の細胞や器官、ひいては意識を含む〕生的プロセスには、この意味では適応的**目的**があります。神経反射や**感覚意識**★がほかの多くの生物学的プロセスと同様に、いかに適応的で生存に有益か、のちほど議論しましょう。

ここまで見てきたとおり、生きているシステムにはのちに意識や主観性が生みだされるのに不可欠な特性がたくさんあります。これは**神経生物学的自然主義**★の理論にとって重要な点です。意識や主観性は自然界でも実に特別だというのはたしかなのですが、それ以外の生命現象も考慮に入れなくては、意識や主観性を説明することも理解することもできないことがはっきりしているからです。これは当然サールの見解でもあり、だからこそ自身の理論を「**生物学的自然主義**★」と呼んだのです。

ニューロン、反射、中核脳(コア・ブレイン)の段階(レベル)(表6・2)

ニューロンと反射

単細胞生物に一般的な生命の特性があるとはいっても、意識に至る次のステップとして必要なのが、すばやく情報伝達するニューロンをはじめ、さまざまな種類の細胞がさまざまな機能を果たす多細胞動物としての身体です。先に説明したように、ニューロンの配置としてもっとも単純なのは、数個のニューロンからなる**反射弓**★です。感覚ニューロン、運動ニューロン、そして普通は介在ニューロンも入ります(図2・1B)。ニューロンは信号をすばやく運び、すぐさま**シナプス**★で情報伝達します。ニューロンの情報処理は速いのです。反射は意識をともなわず、反射だけに頼る動物に意識は備わってもいませんが、反射弓は意識を可能にする神経基盤の構成要素なのです。

念を押しますが、反射とは、反射弓によって伝達される、体外・体内の刺激に対するすばやく自動的な反応です。脊椎動物では、ほとんどの反射では脊髄や**脳幹**★がかかわります。しかし実際のところ、反射には基本的なニューロンの連絡さえあればよく、脳のないクラゲの体表に広がる神経網にも見られるのです[注10]。

反射は神経細胞に起因し、それゆえ細胞性生物の一般的特性をすべて備えていますが、それだけではありません。多細胞動物の大きな体の中を広範囲ですばやくシグナル伝達するという、固有の能力が加わるのです。それによって適切に、離れた身体部位を同調して動かせるようになります。

私たちの枠組みでは、反射弓や反射をシンプルなものと複雑なものとに大まかに区別します。介在ニューロンやその間の相互連絡（クロス・トーク）が増え感覚を統合したり身体の運動を指令したりするようになるにつれ、シンプルな反射は複雑な反射へと拡張していきます。図6・2から、前に逃げるか後ろに逃げるかという複雑な動きをシグナル伝達する**センチュウ**★の反射弓がどう拡張されたのかがわかります[注11]。こうした反射弓から、感覚処理をする介在ニューロンが鎖の輪を増やすようにさらに進化し、複数の段階からなる階層を作り上げるのです。非常に複雑な反射であっても意識をともなうことはありませんが、最初期の脊椎動物や**節足動物**★、**頭足類**★にとって反射が精緻になることが意識へ至る王道だったのです。

反射の段階まで到達したものの意識を備えてはいない動物でも、高度に発達すれば、**中枢パターン生成器**★による基本運動プログラムが中枢神経に備わります（図6・3）。中枢パターン生成器はリズミカルに発火（ニューロンが興奮）して、アメフラシが餌を食べるときに何度も口を動かすような反復的な動作を指令するのです。移動運動と摂食を司る中枢パターン生成器がウミウシにあったことも思い出してください（図4・3）。

中核脳（コア・ブレイン）（注　中核脳があっても、意識が備わるわけではない）

環境中を動き回る多細胞動物では、**感覚受容器**★は頭部に集中します。感覚刺激に最初に接する部分だからです。それに対応するように、多くの感覚情報は中枢神経の頭部領域で処理されます。それゆえ脳は頭部に進化したのです。もともとあった反射弓は原始的な脳でほかにないほど精緻にな

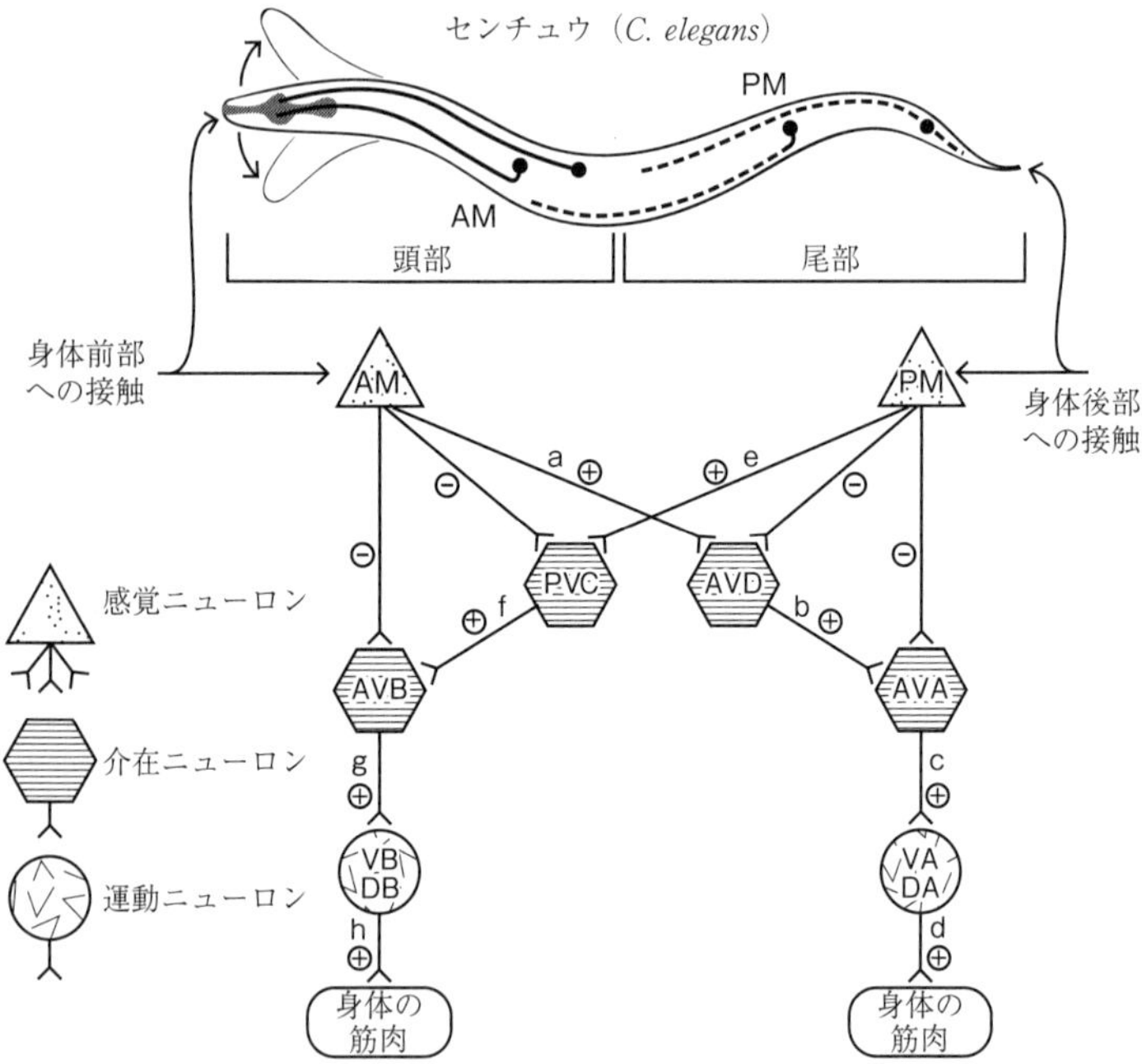

図6・2　反射弓の拡張により複雑な反応行動が可能となる。つまり意識への最初の一歩を意味する。こうした反射弓は、図2・1Bのものより複雑。感覚ニューロン（三角形）と運動ニューロン（丸）の間に介在ニューロン（六角形）が数段階あり、*Caenorhabditis elegans*〔カエノルハブディティス・エレガンス、センチュウの一種〕の逃避運動を制御する。センチュウ（図最上部）は身体を波のようにくねらせて前後に動く。プラスとマイナスの記号は、ニューロンの軸索が次のニューロンの活動を刺激する（＋）か抑制する（－）かを表す。回路をたどれば、身体前部への接触（左）が後進する移動運動を引き起こし、脅威となる前方の刺激からセンチュウが退避することがわかる（a→b→c→dの経路）。また、刺激に向かうように前進する移動運動をすべて抑制する。一方で身体後部への刺激（e→f→g→hの経路）は前進する移動運動を引き起こしつつ後進する移動運動を抑制し、センチュウは脅威となる後方からの刺激から離れる（特定のニューロンがよく使われる略称で図示されているが、その意味はここでは重要ではない）。マーク・アルケマらの研究から。

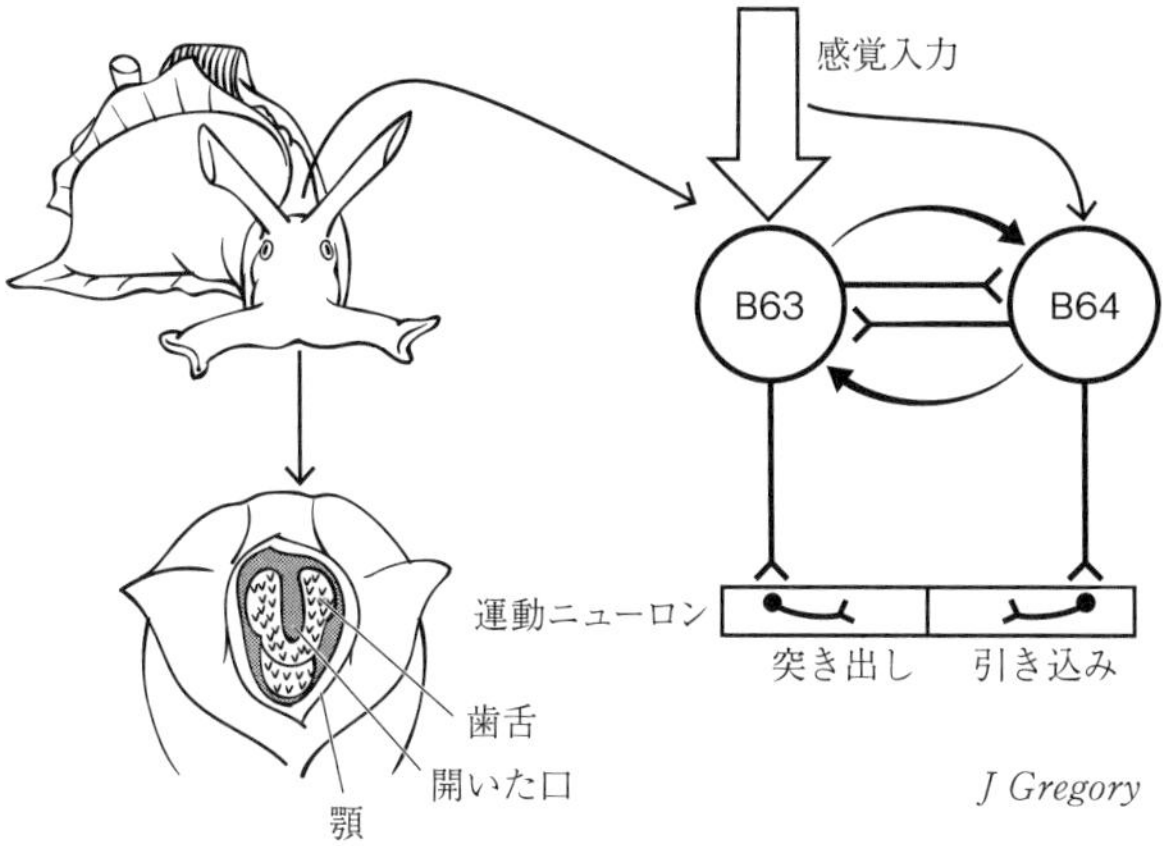

図6・3　巻貝に似た姿をしたアメフラシ *Aplisia*〔アプリシア〕において、摂餌サイクルを制御する中枢パターン生成器。アメフラシは歯舌（全身図の下に描かれている）と呼ばれる、削り取りながら噛む動きをする口内の構造物を出したり引っ込めたりする。中枢パターン生成器はB63とB64と名付けられたふたつのニューロンに立脚している。まず感覚ニューロンが餌を感知（大きな白抜きの矢印）してB63にシグナルを送り、B63は歯舌を突き出させつつ口を開けさせることで摂餌サイクルを始める。その後、B63がB64に引き込みシグナルを送るように伝える。これらふたつのニューロンは行ったり来たりシグナルを送り合い、突き出しと引き込みの摂餌サイクルを続ける。もっとまとまった解説として、Jing *et al.* 2004を参照。

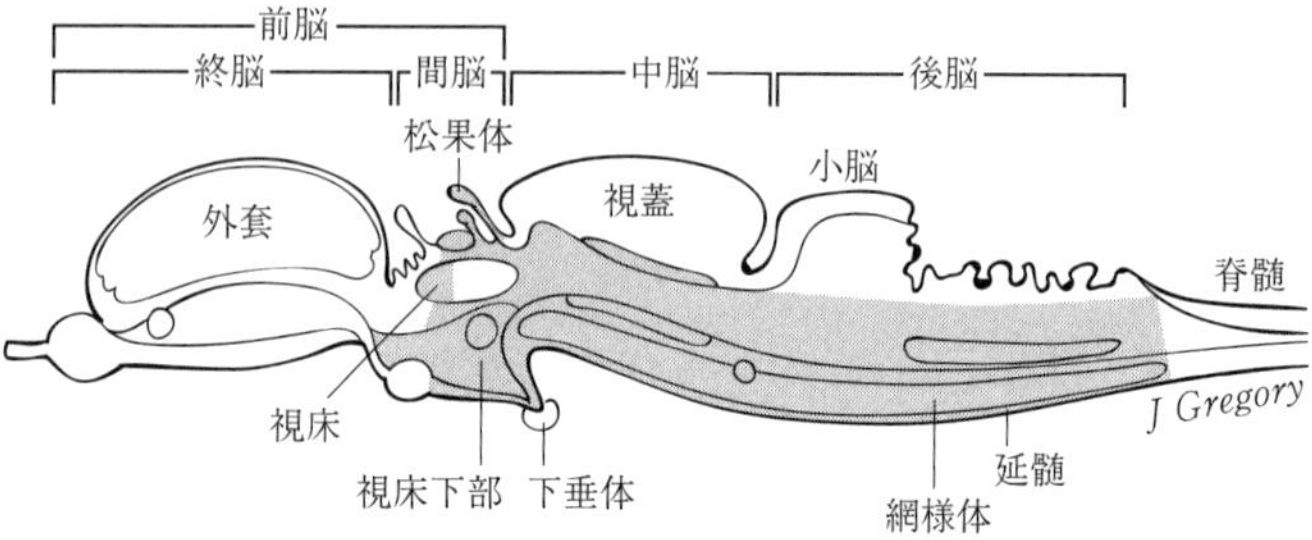

図6・4　基本的な生存機能を担う、脊椎動物の中核脳（灰色）。本書の見解では、本来は意識をともなわない。脳幹の大部分と間脳の一部に相当。図4・1に基づく。

り、基本的な生存機能のための神経回路になったのです。こうした中核脳（コア・ブレイン）の機能は意識をともなうわけではありませんが、意識へ至る次の一歩です。

脊椎動物では、脳幹や、間脳★の一部（図6・4）といった脳領域が中核脳を構成しています。節足動物では「前大脳」（図5・1で丸に囲まれたCの領域）などです。[注12] 軟体動物の頭足類の脳では、どこに中核があるかは十分にわかっていません。

中核脳はあらゆる感覚入力を受け取ります。脊椎動物では中核脳が感覚入力を整理して★恒常性（ホメオスタシス）の機能を調節します。つまり呼吸や心拍、消化の機能を制御するのです。そのため、中核脳には複雑かつ意識をともなわない反射がたくさんかかわっています。嚥下、嘔吐、息切れ、せきの反射や、血圧を適度に維持する反射です。呼吸パターンなどのリズミカルな基本運動プログラムや、魚の遊泳や〔陸上〕動物の歩行でのリズミカルな体の動きを司る中枢パターン生成器も中核脳には数多くあります。また中核脳は、覚醒や動機づけがあるのならその段階のすべてを、また特定の刺激に注意★を向けたり別の刺激を無視したりする能力を制御します。これこそが、意識の進化とのかかわりでもっとも重要です。つまり意識を備えていない祖先の頃から、中核脳は覚醒と注意の機能を果たしていたのだと考えられるのです。[注13]

第3章で、脊椎動物の脳では網様体が覚醒や注意の機能に重要であり、中核脳の一部だと紹介しました（図4・1も参照）。網様体ニューロンは脳のたくさんの部位から入力を受けるだけでなく、出力の軸索も伸ばしています。つまり網様体は脳のほとんどを同時に覚醒させられるのです。[注14]脊椎動物のいとこにあたる無脊椎動物、ナメクジウオ★の幼生はまったく意識を備えていませんが、そのシンプルな脳にも網様体に相当する「中核統合中枢」があります。図3・6でわかるとおり、あらゆる感覚ニューロンが「運動中枢」に軸索を送り、そこからたくさんの運動ニューロンへの軸索が伸びます。このハブ領域は多くの感覚入力を受け、幼生の基本的な遊泳反応へとシグナル伝達する動機づけの中枢であるとサーストン・ラカーリは解釈しています。[注15]やってくる刺激に対しどのくらい鋭敏になるか、どのくらいすばやく反応するかを決めます。つまりこの中枢は感覚入力を調節して動機づけの程度や覚醒のしやすさを決めるのです。動機づけと覚醒こそが、ナメクジウオの脳の中核が果たす、意識をともなわない機能です。そしてこの中核は、意識を備える脊椎動物で同じ機能を果たす脳の中核と対応しています。

節足動物（昆虫）にも覚醒や注意を司る脳内ニューロンがあります。ただし、脊椎動物のものとは独立に進化したものです。ショウジョウバエの脳全体にクラスターとなって分布するドーパミン放出ニューロンなどがそうです。[注16] 広く分布することで、（脊椎動物の網様体のように）脳全体の広範囲な覚醒を生みだします。脊椎動物と同様、ショウジョウバエの移動運動のはたらきにも影響を及ぼします。[注17] 昆虫の脳の中核をなす前大脳（図5・1）は感覚入力を調節し、**動機づけ状態**に基づいて運動反応を調整することも特筆すべきでしょう。[注18] やはり、脊椎動物の脳の中核と対応しています。

つまり、意識へ至る最前線にたどり着いた祖先の動物たちは、前脊椎動物の系統でも前節足動物の系統でも、注意と覚醒と同時に恒常性や必須の移動運動、基本的な生存行動を制御する中核脳を備えていました。それでもまだ意識は備えてはいなかったのです。受容器が何を感知しているかに対する「気づき」はなく、近づいたり避けたりしたものに対する情感はなにも感じていませんでした。

そうしたものがなかったために、この段階の動物の行動や基本運動プログラム、中核脳の機能には限界がありました。前の章で言及したセンチュウの段階です。餌や交配相手を探して刺激の痕跡に従って進んでいても、空間の心的地図がないため痕跡を見失うとたちまち道に迷ってしまいます。[注19]

意識に備わる特殊な神経生物学的特性（表6・3）

いよいよ意識をともなう神経系で大幅に増強された神経特性に話を移しましょう。意識を備えていない動物には見られない（あるいは、はるかに単純な）特性です。こうした★**特殊な神経生物学的特性**は通常の進化プロセスに由来するのですが、意識や主観性を理解する鍵でもあります。[注20]

これらの特性は第3章から第5章にかけて脊椎動物と無脊椎動物の両方で特定を試み、イメージに基づく意識と情感を感じる状態として指摘したものです。ここで改めて一覧にしたうえで、一部についてさらに詳しく説明しましょう。

複雑な脳をはじめとする神経の複雑性

意識を備えていると特定された三つの動物群のいずれにも最低一〇万個ほどのニューロンからなる複雑な脳があります。ニューロンのサブタイプも多数あり、かたちや役割がちがっています。[注21]

精緻な感覚器

さまざまな種類の刺激を詳細に検知できなければ、世界や身体の感覚イメージを作りだしたり、情感に駆動された行動をしているときに目標に向かって正確に反応を狙い定めたりすることはできません。そのためには、視覚空間の詳細なイメージを作りだす眼や多種の匂いを察知する鼻、聴覚や平衡感覚を司る耳、味覚受容器、自身の動きを感知する**固有感覚器**★が必要です。こうしたさまざまな感覚のそれぞれを**モダリティ**★と呼びます。脊椎動物、節足動物、頭足類のいずれにも複雑な感覚があり、水中に潜るものの場合はほかの動物が水中を動くことで生じる振動を感知する感覚器もあります。[注22]

固有の神経間相互作用をともなう神経階層と神経の統合

　生物の構成的階層（表6・1を参照）と神経階層には、低次段階と高次段階の物理的な関係の点で違いがあります。肝臓などの臓器の低次段階をなす細胞や組織は階層の高次段階に次々と包含されていきますが（図6・1）、神経階層の低次段階は高次段階に**物理的に包含**されている必要はありません。たとえば脊椎動物では、脊髄の構造は下位脳幹に物理的に包含されているわけではありませんし、下位脳幹が**視蓋**★に物理的に包含されてもいません（図2・2、図3・1を参照）。

　とはいえ相互作用は膨大にあります。すばやく情報伝達を行うニューロンがシナプスでつながり、複雑な神経ネットワークのなかに連鎖と階層を作ることで、低次段階が高次段階へと物理的に入れ子状になっていなくても、たくさんの神経情報処理の階層が密に相互作用できます。神経階層の段階内でも段階間でも、この相互連絡によってニューロンの間での伝達のやりとりが指数関数的に増加します。そのおかげで、複雑な神経階層にしか見られない新しい特性がずらりと揃うのです。[注23]

　こうしたフィードバックや相互連絡（クロス・トーク）は、専門用語では**双方向的**（レシプロカル）★**伝達**、**再帰的**（リエントラント）**伝達**、あるいは**反回性**（リカレント）**伝達**と言います。[注24] また、異なる感覚を司る別々の階層の間でも起きます。たとえば聴覚階層から視覚階層に情報が送られます。おしなべて双方向的伝達は、協調した、時には同期した、神経ネットワークを行ったり来たり駆けめぐる電気的振動（脳波）です。この**同期的**★伝達はさまざまな感覚をすべて結びつけ、ひとつのイメージや経験に統合すると考えられています。[注25]

　ここで統合という側面にスポットを当てましょう。ジュリオ・トノーニは「意識の統合情報理論」で、意識が生みだされるには脳の下位区分（サブパート）が統合、統一化されていることが肝心だと提唱しています。[注26] イメージに基づく意識では、**外受容**★経路のさまざまな階層や部位のはたらきが統合されていなければなりません。でなければ、さまざまな感覚をすべて統一して世界の**部位局在地図**★を構築することはできないでしょう（第3章）。情感意識や情動意識についても、寄与する各部位はそれほどしっかりと階層化されているわけでも部位局在的に組織化されているわけでもありませんが、それぞれのはたらきは高度に統合されていなければなりません。情感にかかわる脳領域には相互の伝達が膨大にあることから、それがわかります（図4・2）。

多段階からなる神経階層を備える**利点**とは何でしょうか？　まず、これまでに何度か指摘したように、本来の中核脳（コア・ブレイン）に高次段階が付け加わることで、より複雑な神経処理が可能になります。意識には必要なものです。次に、右の段落でも触れたように、段階が追加されることで、さまざまな感覚の経路がもっと頻繁に相互作用して、統一された世界イメージを作りだすだけでなく運動反応に向けた動機づけを統一すること（たとえば一度にひとつの反応動作だけをする動機づけ）につながります。多くの感覚が収束する、重要な中枢としては、魚類や両生類の視蓋、哺乳類の大脳皮質、すべての脊椎動物における皮質下情感領域、節足動物の中心複合体、頭足類の上前葉と呼ばれる脳部位があります（図5・1、図4・1）[注27]。

とはいえ別の見方をすれば、意識は**予測**プロセスを可能にするという利点もあり、それには神経階層が不可欠です。[注28] 図6・5のように、予測メカニズムは階層の上下での伝達に依存しています。

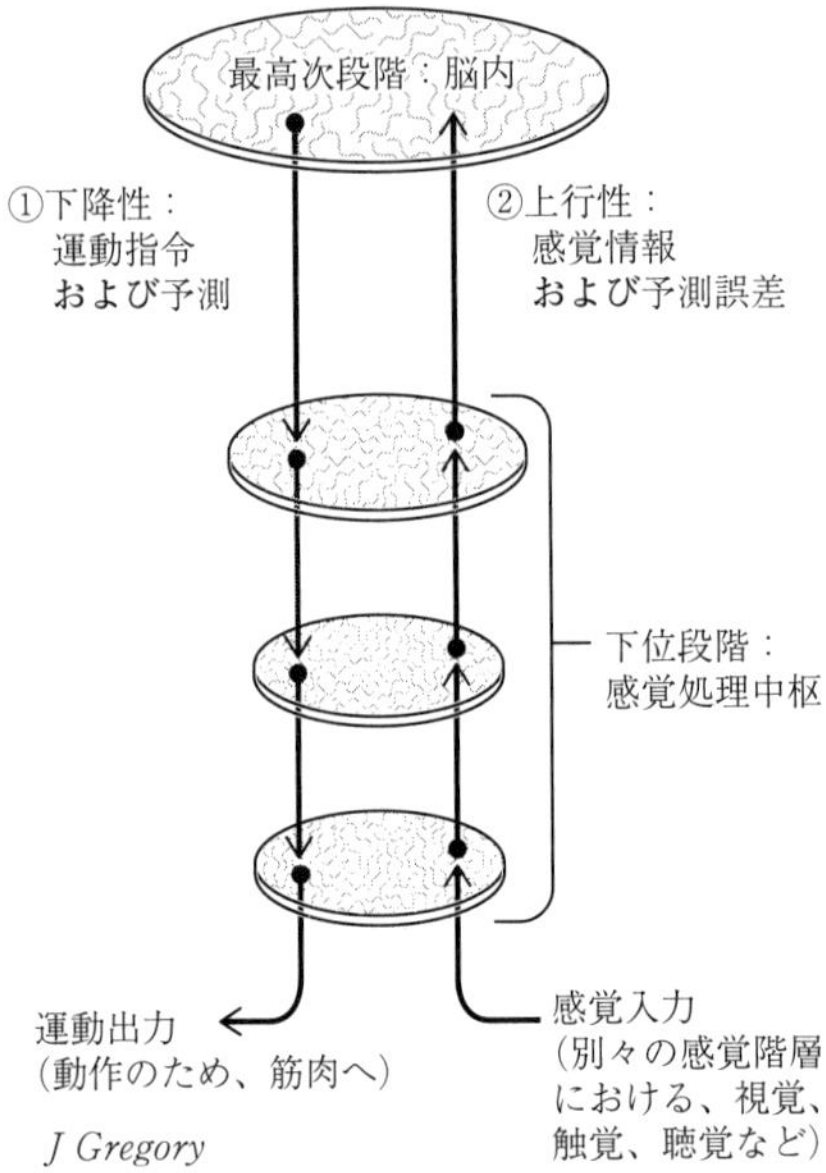

図6・5　予測。各種のできごとや最善の運動反応を予測する際に意識が果たす役割に必要な神経階層。①脳の最高次段階は、自身に備わる、地図で表された世界のイメージを使って、目標に定めた動作のために運動指令を送り始めながら、その動作が何をするのかの予測も送る。低次の感覚処理中枢は予測を受け取り、世界や身体で実際に何が起こっているかを伝える上行性の感覚入力（**右側**）と比較する。本来の予測と感知された実績との差は**予測誤差**と呼ばれ、脳の最高次段階に送られる。②その後、最高次段階は予測誤差を最小化し、それに基づき新しい動作指令と予測にアップデートする。以上のプロセスが継続されることで、常時のフィードバックに基づいた調整が可能となり、動作と予測を更新し続ける。見て取れるように、階層の上下で双方向的に伝達されることが、全体のプロセスの鍵となる。楕円内部の波線は階層の各段階の**内部**の神経処理を表す。

アップデートされ続ける限り、一瞬先の世界に何が起ころうとしているのかを予測し続けるのです。意識を備えた動物にとって、〔被食者として〕捕食者が襲いかかる経路を〔捕食から逃れられるほどの速さで〕うまく予測するときにも、〔捕食者として〕餌となる動物が逃げる経路を〔餌に狙いを定めて捕らえられるほどの速さで〕うまく予測するときにも、生き延びるのに非常に役立ちます。

地図で表された心的イメージや、情感状態を生みだす神経経路

イメージに基づく意識と情感意識には共通して、複雑で階層的な再帰的に伝達するニューロンのネットワークを備えるという特殊な神経生物学的特性がありますが、違いもあります。大きな違いとして、体部位局在的に地図で表されているか、**感情価**★を符号化（エンコード）しているかがあります。せっかくなのでくり返しますが、脊椎動物の脳では、地図で表されたイメージと情感とで〔重なる部分もありますが〕ちがう領域がかかわっています。図6・6で、脊椎動物の脳で意識にかかわるふたつの領域それぞれをまとめます〔節足動物と頭足類では、〔イメージと情感という〕意識のふたつのサブシステムの場所がよくわかっておらず、別々の脳領域にかかわっているかどうかは判断できません〕。

注意の脳内メカニズム

刺激に注意を向けるのは、意識的にも無意識的にも起こりえます。重要な刺激へと意識的に注意を向けるための脳領域には、脊椎動物では視蓋〔第3章〕や大脳などがあり、脳幹の網様体が補助

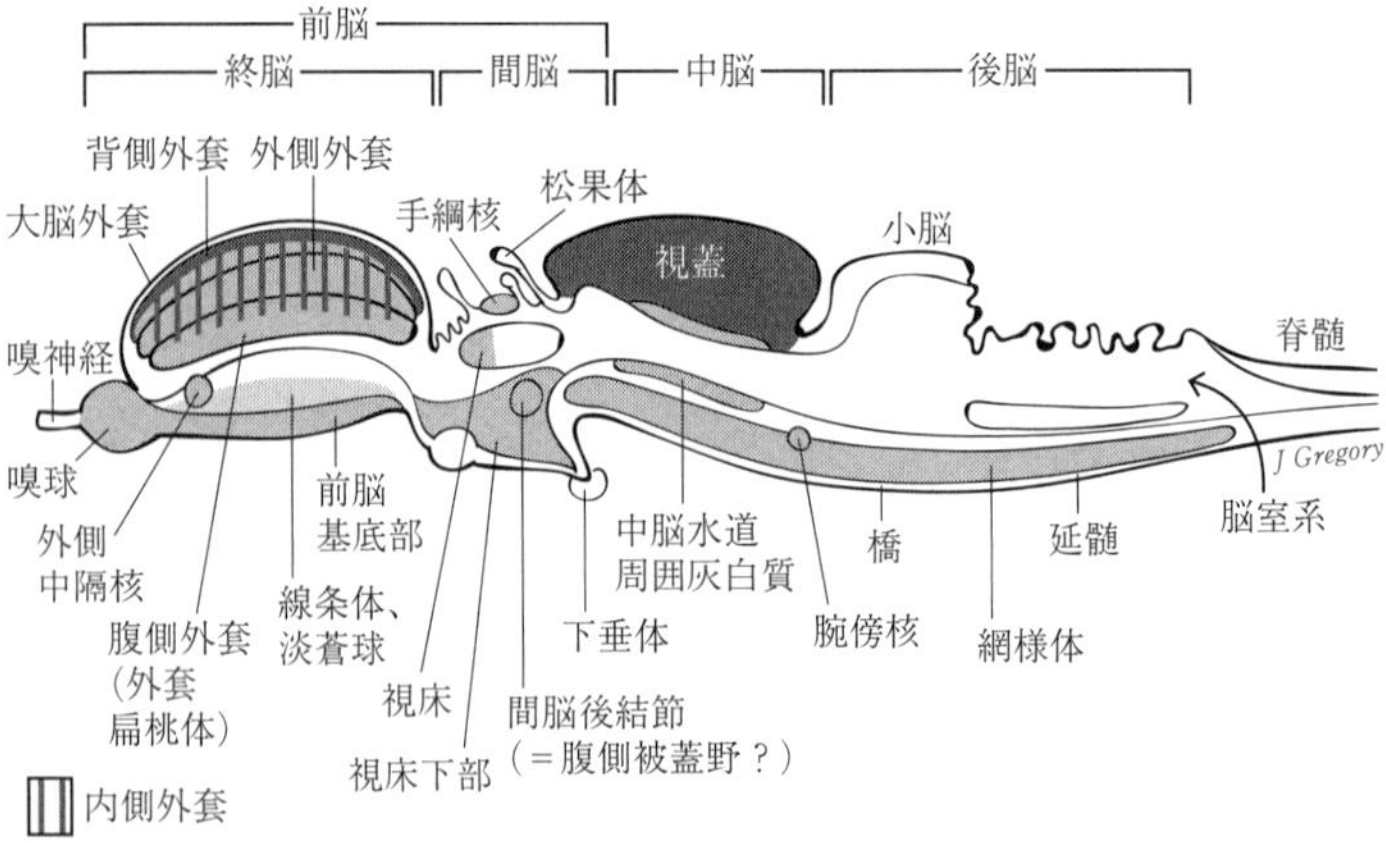

図6・6　イメージに基づく意識と情感意識を担う、脊椎動物の脳領域。一部は重複しており、また相互連絡も多いものの、大部分は別々に分かれている。薄灰色が情感を担う脳領域、濃灰色が地図で表されたイメージの脳領域。

しています。[注29] 昆虫では、さまざまな部位が選択的注意に結びつけられており、[注30] 注意プロセスは脊椎動物よりも広く〔脳内に〕分布しているのかもしれません。頭足類が注意深い動物だということは、どの研究者も認めるところですが、意識をともなう注意の中枢がどこにあるのかについてはまだ研究がありません。

★**感覚記憶**

　記憶能力は意識が最初に進化したころ、つまり最初期の脊椎動物や節足動物で大きく向上しました。この向上を示すひとつめの証拠として、第4章と第5章で説明したように、本来の単純な形式（★**鋭敏化**、★**馴化**、単純な★**連合学習**）から★**大域的**（グローバル）**オペラント学習**へと学習が拡大しました。記憶向上のふたつめの証拠として、魚類や節足動物は複雑な空間環境のなか、まるで対象物を

想起して識別したかのように反応します。[注31]

このことから、意識とは何かを理解しようとしたとき、関連するふたつの問題が浮かび上がります。ひとつは「意識が生みだされたとき記憶の機能はどんな役割を果たしたのか？」であり、もうひとつは「カンブリア紀で記憶の機能がこのように急速に発展したのは、感覚意識が進化する前だったのか、途中だったのか、それとも後だったのか？」です。

最初の疑問には、まず「感覚意識に必要な最低限の記憶とは何か？」という問いからアプローチしましょう。クリストフ・コッホの答えは、イメージに基づく意識には少なくとも**映像的記憶**（アイコニック・メモリー）[注32]という一時的な情報貯蔵が必要だという控えめなものでした。といっても**感覚記憶**のほうが良い名称でしょう。「映像的記憶」という言葉は（コンマ五秒以下で持続する）視覚イメージの知覚だけ、「反響的記憶」（エコーイック・メモリー）は（約三秒間持続する）音の知覚だけ、「触記憶」は（約一〇秒持続する）触覚だけ、（もっと長く持続する）「匂い記憶」は嗅覚だけに使えるからです。「感覚記憶」という言葉はこうした機能のすべてを含むのです。

コッホの推論によれば、意識を備える最初期の動物には少なくともこのような感覚記憶があり、途切れない意識の流れのなかで感覚経験が連続的になりました。つまり、こうした感覚記憶は統一された持続的な感覚経験を作り、維持するのに最低限必要なのです。また、たとえ感知された刺激が短かったとしても意識的知覚を引き起こすのに足る長さまで確実に持続させる機能も感覚意識にあるとコッホは主張しています。

したがって、こうした短い感覚記憶も表6・3にある意識の特殊な神経生物学的特性に入ります。コッホの主張によれば、この種の記憶は、双方向的伝達がフェードアウトして消えるまで感覚神経階層のなかで上下に反響することで生じます。また注意プロセスもともなうことから、注意と感覚記憶は共進化したらしい、とも言っています。[注33]

記憶について、ふたつめの疑問に移りましょう。仮説としては、原意識が進化したすぐあとで記憶の貯蔵能力と維持期間が大幅に向上したと考えられます。イメージや情感が思い出されると、新しくやってきた刺激や新しく生まれた「感じ」を解釈する補助に使われます。それによって、学習や期待される結果の予測が高度になるのです。詳細な長期記憶を作りだして貯蔵する脳領域としては、どの脊椎動物でも海馬が重要であり、昆虫ではキノコ体、頭足類では食道上にある脳領域の大部分がそれに当たります（図4・1、図5・1）。

とはいえ、意識を備えていた最初期の動物には貯蔵能力が最低限の短期記憶しかなかったとするのは、おそらく守りに入りすぎているでしょう。別の面から考えてみると、それよりは良い記憶があったと思われるのです。つまり私たちの**視覚先行説**★〔さまざまな感覚のうち、視覚が最初に複雑化したという説〕では、新たに進化した**カメラ眼**★によって感知された、詳細な視覚イメージをシミュレートするために意識が進化したとしています。そして、そのような詳細なイメージを瞬間瞬間に記録・維持するには、相応の記憶が先んじて必要になります。また、それからすぐに記憶能力を向上させる強い自然選択がはたらき、捕食者、交配相手、餌について、のちに再び遭遇するまで長い間が空いても思い出せるようになりました。つまり、最初に遭遇したときに感じた情感や、捕食者、交配相手、餌がどのような見た目をしていたかという**心的イメージ**★の記憶です。結局のところ、意識をともなう記憶が本来は短期記憶だったのか長期記憶だったのかはともかく、記憶は常に意識やその適応価に貢献してきたのです。

さまざまな特性の要約

第3章と第4章で導きだしたように、どの脊椎動物にもたくさんの特性、つまり一般的な生物学的特性、反射、中核脳（コア・ブレイン）、特殊な神経生物学的特性があります。そしてこれらは、イメージに基づく意識にも情感意識にも必要なのです。また第5章で論じたように、節足動物と頭足類にも、脊椎動物と同様にそれぞれの特性があります。

意識を備えていない動物種と意識を備えている動物種の間に不連続性や神秘的な飛躍があるのではなく、生命それ自体に見られる基本的な構成要素に新しい神経特性が加わることで始まった、継ぎ目のない段階的な進展が意識を生みだしたことがわかりました（表6・1〜表6・3）。一般的な生物学的特性、反射、中核脳は滞りなく、特殊な神経生物学的特性へと発展しました。

ここで注目すべきは、進化、生命プロセス、そして複雑な脳に備わる固有な生物学的特性に基づいて、完全なる自然現象として意識を説明しているということです。それゆえに、この理論を私たちは神経生物学的自然主義と呼んでいるのです。次章では、化石記録から明らかとなった、意識が地球史を通して滞りなく進化した過程をたどりましょう。

第7章　原意識の進化とカンブリア仮説

主観性[★]の神秘も意識も、完全に自然現象として解き明かせる――それが私たちの主張でした。はるか昔、「いつ」「どのように」意識が進化したのか立証すれば、この仮説の証拠がもっと増えます。ここで、その進化をたどって明らかにし、主観性とは何かという問題の解明をさらに進めましょう。また進化史は、意識を司る脳構造がどのようにここまで多様化したのかについても解き明かしてくれます。

動物のカンブリア爆発

図7・1では、本章でたどる時系列が描かれています[注1]。ここから、五億四〇〇〇万年から五億二〇〇〇万年前のカンブリア紀に意識が現れたことがわかります[注2]。古い側の境界については不確かな点もあるので、慎重を期すなら五億六〇〇〇万年から五億二〇〇〇万年前のどこか、ということになります。どちらにせよ、意識がほかの神経機能から進化したのは、いわゆる**カンブリア爆発**[★]の間

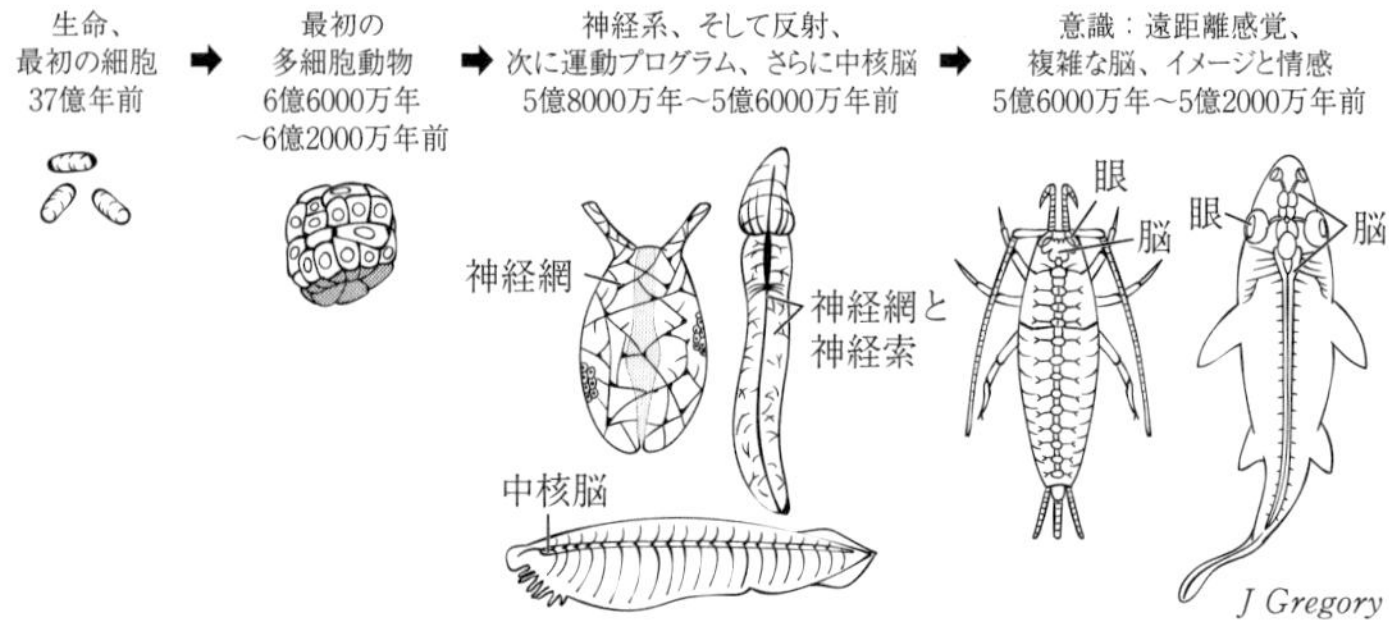

図7・1　本章でたどる、意識の進化の各段階。37億年前の生命の黎明期から5億6000万年～5億2000万年前のカンブリア爆発での意識の出現までの長い間隔に注意。右側の節足動物はシミという昆虫、魚はサメ。

だったということです。地球上の生命史のなかでも特別な時期です。このとき以上に急速な動物の進化が起きることは、ついぞなかったのですから。

★**カンブリア紀**よりさほど古くない時代には、もっとも発達した動物であってもシンプルな蠕虫（ウジ虫）の姿をして海に棲み、その神経系の大半は脳や複雑な感覚器を欠いた散在神経網で作られていました（図7・2）。[注3] 餌として食べていたのは、微生物マットと呼ばれる厚い澱の層で、地球上の浅い海の大部分がこうしたマットで覆われていました。マットに残った移動の痕が化石として見つかるので、そうとわかります。移動痕が物語る彼らの行動はシンプルです。単に餌のありか（または意中の交配相手）を感じたり嗅ぎ取ったりして追うだけなのです。[注4] つまり**表6・2**にある「★**反射**」の段階に到達していました。この時代を生きたほかの動物には、もっと単純な、葉のような形をしたものもいて、海流に身を任せて揺蕩っていました（図7・2）。たいした事もそう起こらず、行動として見られる動物どう

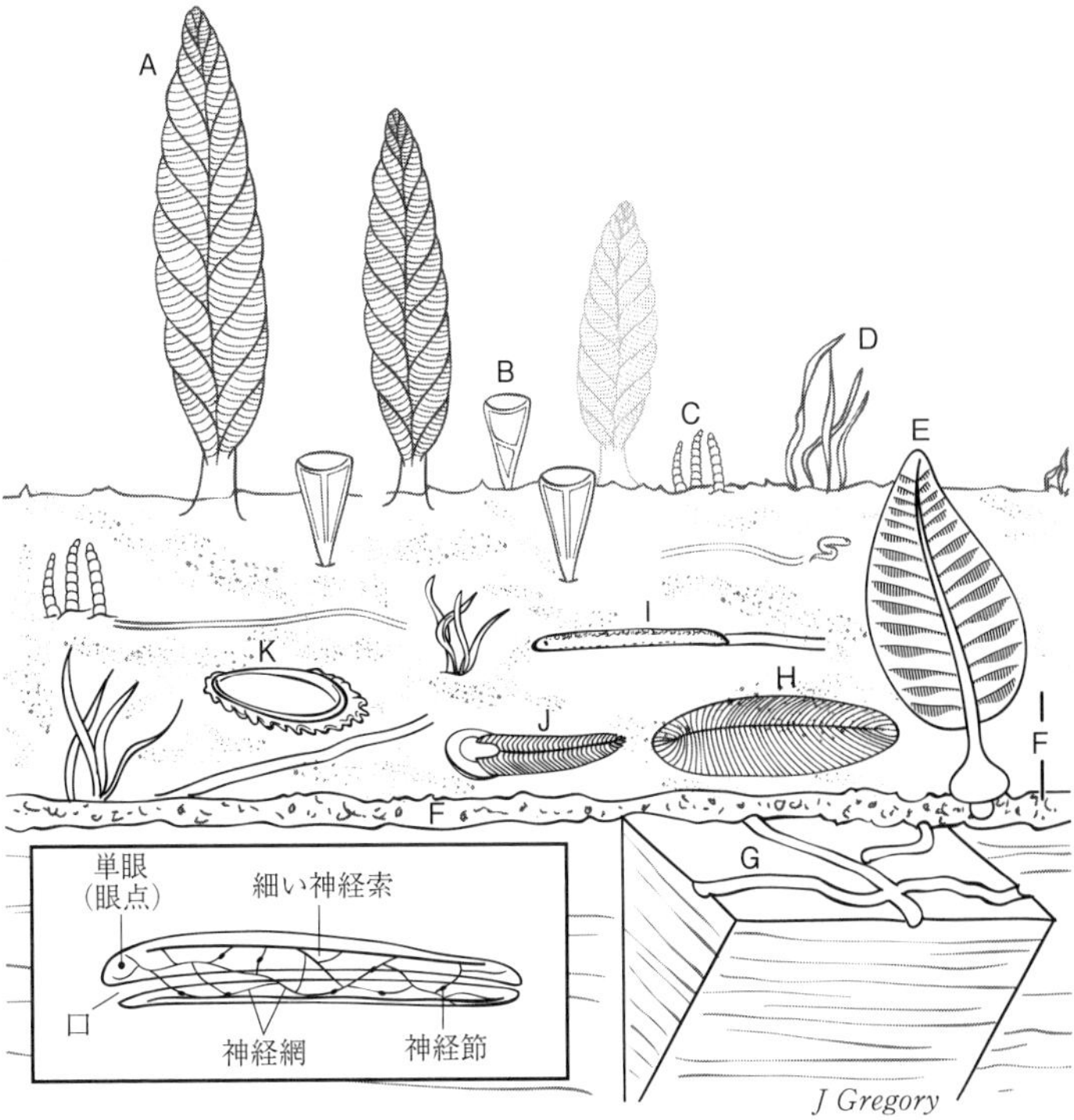

図7・2　約5億5000万年前のカンブリア紀直前、先カンブリア時代の海底に棲む生物。左下の挿入図はこの生態圏に棲んでいた、蠕虫の姿をした祖先つまりIの動物を拡大した復元図。A：葉の形をした動物 *Charniodiscus*〔カルノイディスクス〕、B：カイメン *Thectardis*〔テクタルディス〕、C：管状の身体をした化石 *Funisea dorthea*〔フニセア・ドルテア〕、D：海藻、E：葉の形をした「ランゲア形類〔rangeomorph〕」*Charnia*〔カルニア〕、F：微生物マット、G：微生物マットの底面に残った蠕虫の掘削痕、H：移動能力のある、身体が分節した動物 *Dickinsonia*〔ディッキンソニア〕、I：微生物マットの上で餌をあさる、蠕虫の姿をした左右相称動物、J：身体が分節した動物 *Spriggina*〔スプリッギナ〕、K：おそらく軟体動物である *Kimberella*〔キンベレラ〕。

しのやりとりもわずかでした。[注5] ところがたった数百万年が経っただけで、これまで地球上に現れた三〇以上ある**動物門**★すべてが蠕虫の姿をした祖先から進化し（図7・3）、とりわけ捕食者と被食者の間の激しい競争のなかで応酬するようになりました。こうした動物門のほとんどに、現代まで生き残っている種がいます。

こうした急速な変化は、なぜ起こったのでしょうか？　とりわけ支持されているのは、捕食動物が現れたために進化が加速したという理論です。つまり蠕虫の姿をした動物のなかの一種が、おそらくは微生物マット内でバラバラになった死骸をあさる中間段階を経て、他種の蠕虫を食べる能力を得たのです。[注6] 新たに現れた捕食者への対応として、被食者となった種は、潜伏術、防具、捕食者を見つけて逃れるための鋭い感覚、すばやい移動能力にまでわたる生存戦略を、自然選択を通して進化させました。その対応として捕食者自らも、被食者を見つけ、捕え、殺し、食べるために、より良い感覚、移動能力、身体に備わる武器を進化させました。つまり攻撃術／防御術をエスカレートさせた捕食者／被食者だけが生き残るという一種の軍拡競争に、生物たちは突入したのです。大きな動物のほうが実のところ攻撃にも防御にも有利なので、多くの種で身体が大きくなりました。多種多様な生存戦略が功を奏して、動物の多様性が増し、行動が向上し、身体が大きくなったのです。

この新しい環境は、数多（あまた）の動物がさかんに活動することで、視覚情報、音信号、匂い、触ったり味わったりできる物体など、たくさんのシグナルを発するようになりました。初期の**節足動物**★と**脊**★

図7・3　カンブリア紀の海底、5億2000万年〜5億500万年前。先カンブリア時代の末から爆発的に動物が多様化したことがわかる。右下の挿入図は、いま生きているカギムシであり、Sの葉足動物のなかま。A：ナルコメデューサ科のクラゲ。B：カイメン *Vauxia*〔ワウクシア〕、C：有櫛動物テマリクラゲ *Maotianoascus*〔マオティアノアスクス〕、D：節足動物に関係のあるアノマロカリス類 *Amplectobelua*〔アンプレクトベルア〕、E：脊椎動物に近しいハイコウエラ、F：カイメン *Chancelloria*〔カンケッロリア〕、G：古杯類のカイメン、H：環形動物多毛類 *Maotianchaeta*〔マオティアンカエタ〕、I：半索動物 *Spartobranchus*〔スパルトブランクス〕、J：脊椎動物魚類ハイコウクチス、K：節足動物 *Habelia*〔ハベリア〕、L：節足動物 *Sidneyia*〔シドネイア〕、M：節足動物 *Branchiocaris*〔ブランキオカリス〕、N：節足動物三葉虫 *Ogygopsis*〔オギュゴプシス〕、O：腕足動物ヒオリテス類、P：鰓曳動物 *Ottoia*〔オットイア〕、Q：腕足動物 *Lingulella*〔リングレッラ〕、R：節足動物三葉虫 *Naraoia*〔ナラオイア〕、S：葉足動物 *Aysheaia*〔アイシェアイア〕、T：腕足動物 *Diraphora*〔ディラフォラ〕、U：イソギンチャク *Archisaccophyllia*〔アルキサッコフィッリア〕。

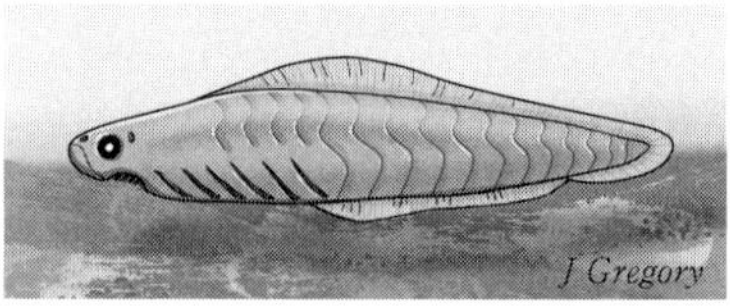

図7・4　わかっている限りで最古の脊椎動物、中国でのカンブリア紀の岩石から見つかったハイコウイクチス、5億2000万年前。体長約2.5 cmの無顎魚類で、精緻な眼、耳、嗅覚を担う鼻、効率的な遊泳のための流線型の身体を備える。だが口の上の触角はどれも柔らかく、獲物を捕らえるための歯も爪も、摑むための腕もないので、捕食者ではなかったはずだ。

椎動物――このふたつの動物群は活動性がとりわけ高く、きわめて精緻な**遠距離感覚**★を使って、伝わってくるこれらのシグナルを大いに活用しました。感覚の鋭い眼や耳、匂いを嗅ぐための鼻、感度の良い触覚を進化させたのです。[注7] 初期の節足動物は、関節でつながった自在に動く付属肢を備え、捕食者の中心勢力を擁していました。最初期の脊椎動物は、微生物マットの残り物を喜んで食べ、群れとなって捕食者からすばやく逃げおおせる、無害な魚でした（図7・4）。新たなシグナルは津波のように遠距離感覚に押し寄せ、神経系や脳は双方の動物群でさらに複雑化しました。もともとあった反射、シンプルな運動プログラム、統合的**中核脳**（コア・ブレイン）★は精緻化して、あらゆる種類の感覚入力を意識をともなった**心的イメージ**★へと（**情感**★を添えつつ）まとめる処理装置（プロセッサー）となりました。そして三次元空間で運動の動作を効率的に駆動、舵取りできるようになったのです。要するに最初期の脊椎動物や節足動物は、危険で非常に複雑なカンブリア紀の海の新しい環境で生き残るために、意識の**特殊な神経生物学的特性**★を余すことなく進化させたのです。精緻な神経系は膨大なエネルギーを消費し、活動性の高い生活様式ではたくさん移動運動するにも膨大なエネルギーが要るので、餌も大量に必要になりました。そのため新たに現れたほかの動物群はもっと安上がりな生存戦略を進化させ、意識を進化させることはありませんでした。海底に潜ったり、防御用の殻を発達させたりしたのです。

イカやタコといった**頭足類**★の祖先でも、捕食活動の向上にともなって意識が進化しました。ただしそれは、捕食性の節足動物での進化と同時だったわけではありません。つまり化石が物語るに、頭足類はカンブリア爆発（五億四〇〇〇万年〜五億二〇〇〇万年前）が済んだカンブリア紀の終わり頃（四億九〇〇〇万年前）にあとから進化したのです。頭足類は軟体動物に属しているので、比較的活動性が低い、重い殻に覆われた祖先に由来したはずです。ところがあとから宗旨替えして触手腕やジェット水流で推進する能力を進化させ、活発な狩りをするようになったのです。最初期の頭足類に意識が備わっていたかも定かではありません。というのも頭足類に意識が備わっていることを支持する証拠はどれも、化石記録によればもっとあとの約二億七五〇〇万年前に現れたタコ・コウイカ・イカ類で見つかったものだからです。[注8]

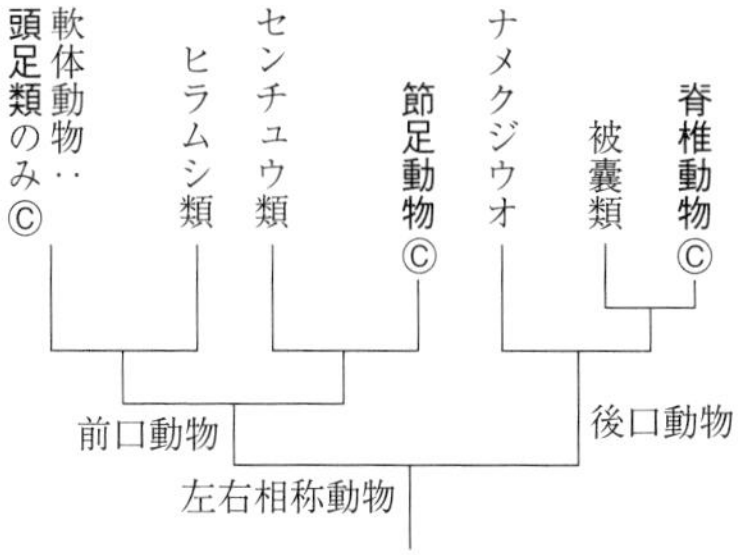

図7・5　意識は独立して3回、別々に進化した。系統樹から、意識を備えた3つの動物群Ⓒの進化的関係が遠いことがわかる。シンプルにするため、ほかの無脊椎動物の動物門の多くは除いてある。ヒラムシ類の動物門名は扁形動物、センチュウ類は線形動物、ナメクジウオは頭索動物、被嚢類〔ホヤ類〕は尾索動物。

以上から、**図7・5**に描かれているように、脊椎動物と節足動物はカンブリア爆発の捕食軍拡競争の過程で、頭足類はあとから、それぞれ独立に意識が進化したことがわかります。

意識の進化の歴史的段階

ここまで考えてきた意識の進化は、化石証拠と、カンブリア爆発の末裔としていま生きている動物から明らかになった部分です。カンブリア爆発の間、たしかに加速的に神経は移り変わりましたが、連続的でもありました。そのようにして、生命の★**一般的な特性**や比較的シンプルな神経の形質は、意識の特殊な神経生物学的特性へと精緻化したのです。

ここで、意識を自然現象として完全に説明するため、意識を備えた動物が最初に現れたのと同時に心的な感覚★**イメージ**と情感を生みだす能力の進化が起こったという進化シナリオを明らかにしましょう。

心的な感覚イメージへの進化的移行

環境に対するもっとも基本的な感覚応答は、反射的かつ生得的であり、せいぜいシンプルな運動プログラムで実行される程度でした。こうした原始的な反応は蠕虫の姿をした祖先など、意識を備えていない★**左右相称動物**の特徴でした。基本的なものは図6・2（★**センチュウ**の退避）や図6・3（巻貝のような姿をしたアメフラシの反復的な摂餌運動）で見たとおりです（センチュウとアメフラシはともに、意識を欠いていると判断しました）。これらの図に描かれた回路図からわかるように、反射段階（レベル）の反応はまったく**客観的**★な方法により、いかなる**説明のギャップ**★もないまったく客観的な観点から記述できます。

ところがカンブリア紀に脳の複雑性が高まり、特殊な神経生物学的特性によって初めて反射段階（レベル）の処理が心的イメージと情感へと変わると、主観性のさまざまな側面が生みだされたのです。なぜならイメージや情感は、私秘的（プライベート）で、参照的で、統一され、**心的因果**★における原因となり、**クオリア**★をともない、主観性を特徴づける説明のギャップ〔**参照性**★、**心的統一性**★、心的因果、クオリア〕（表2・1）を四つ全部もたらすからです。

第6章で特筆したように、**複雑な神経階層**★（ヒエラルキー）という特殊な神経生物学的特性は、複数の精緻な感覚をもとに環境中のさまざまな対象の地図的表象を作りあげ、こうしたあらゆる入力を結合して、意識をともなった統一的なひとつのイメージにします。最初期の脊椎動物では、このような感覚イメージは遠距離感覚の大規模な拡張によって可能となりました。[注9] すでに述べたように、脊椎動物で最初に精緻化した感覚は視覚であり、同時に**カメラ眼**★も出現したと考えられます（第3章）。これまでに見つかった最古の化石魚類にカメラ眼があった（図7・4）だけでなく、カメラ眼によってできるくっきりと焦点が合ったイメージがほかの感覚よりも豊富に外界の情報をもたらすことも、この**視覚先行説**★を支持します。[注10] つまりずっと遠くにあるさまざまな対象物の位置や輪郭、動きを教えてくれるのは視覚だけであり、空間内でどの対象物がほかの対象物より前にあるのかも同時にわかるのです。別の主張として嗅覚が最初に精緻になったという見解もありはしますが、おそらく脊椎動物には当てはまりません。脊椎動物にもっとも近しい無脊椎動物（**ナメクジウオ**や**被嚢類**（ホヤ類））には明確な嗅覚器はない一方で、眼らしきものはあるからです（第3章）[注11]。脊椎動物の系統で最初の心的イメージを作ったのは視覚でしたが、すぐにほかの新しい感覚（嗅覚など）も加わって（脳内の**視蓋**に）多感覚地図を作るようになりました。

節足動物と頭足類の系統では、心的イメージはどう進化したのでしょうか？　いま生きている動物のなかで節足動物にもっとも近しいのは**有爪動物**（カギムシ）であり、南半球の森を這い回っています。またカンブリア紀の海底には**葉足動物**という、蠕虫の姿をした近しい動物がたくさんいました（図7・3）[注12]。カギムシの脳は節足動物の脳と対応がとれますが、例外は、巨大な視覚中枢がない点です。節足動物にある大きな**複眼**の代わりに、杯状（カップ）の小さな眼しかないためです。脊椎動物の黎明期に起きたのと同様に、視覚や視覚イメージを作る能力が節足動物の黎明期に急激に発達したのは明らかです[注13]。

イカやタコ、コウイカといった頭足類では、一対の小さな脳**神経節**から脳が進化しました。こうした神経節は、ほかの軟体動物、とくに**腹足類**（巻貝やそのなかま）の頭部に見られます[注14]。とはいえ腹足類の脳神経節はシンプルすぎ、頭足類の脳に至る進化段階を再構築するのは困難です。ただ、頭足類の眼や脳の視覚中枢はほかの軟体動物と比べてはるかに大きく複雑なので（図5・1）、頭足類の心的イメージの進化でも視覚の拡張が重要だったにちがいありません。

以上のことから、脊椎動物、節足動物、頭足類では鋭い視覚の進化が**イメージに基づく意識**の出現に大きく寄与していることがわかります。

情感的「気づき」への進化的移行

ポジティブな情感やネガティブな情感といった情感意識にかかわる神経については、研究の進んでいない節足動物や頭足類よりも、脊椎動物で進化をたどるのが簡単です。図4・1や図2・3の脊椎動物の脳の情感系を見返して、扁桃体、**前脳基底部**★、中脳水道周囲灰白質などがあったのを思い出してください。

当初、蠕虫の姿をした祖先には、現代のウミウシの小さな脳にあるようなシンプルな**誘因**（インセンティブ）の**統合回路**しかありませんでした。この種の回路は図4・3で描かれているように、到来した感覚情報にポジティブまたはネガティブな**感情価**★（価値）を割り当てます。そして割り当てられた感情価に合うよう、近くにある**中枢パターン生成器**★へと運動反応を始めたり終えたりするよう伝えるのです。

その後、最初期の脊椎動物で**大域的**（グローバル）**オペラント条件づけ**★——報酬や罰に基づく経験を通して**新奇**★行動を学習する能力（第4章）——が進化すると、そこで初めてポジティブな感情価やネガティブな感情価に意識がともなうようになり、さらに多様にもなりました。たとえば、ネガティブな情感には本来の「嫌だ」という情感だけでなく強烈な恐怖も加わり、ポジティブな情感は食べる喜びや性的欲望といった各種の気持ちに分かれました。祖先にあった感情価を割り当てる回路は精緻化し、脳全体に分布する、複数の回路や中枢に分かれました（図4・1、図4・2）。こうした中枢は特殊化し、別々の情感の役割を担っています。とはいえ別々に分かれた情感中枢は相互の連絡だけでなく、運動での動作を選ぶ、脳内の前運動領域（**大脳基底核**や**視床下部**）への連絡も強固に維持し、情感中枢は運動行動に影響を及ぼし続けました。同様の発達は節足動物の脳にも起こったようで、やはり別々に分かれた情感中枢と前運動領域に相互の伝達があります。[注15] 複雑性が上がったという話のひとつではあるのですが、脊椎動物の系統でも節足動物の系統でも初期にそのピークがあったようです。というのも、ヤツメウナギにもヒトをはじめとしたほかの脊椎動物すべてで見られる情感にかかわる脳構造の大部分があるし（第4章）、最初期の節足動物の脳の化石にもいま生きている節足動物の脳と同じ構造と複雑性が備わっているからです（第5章）。

意識に至る各段階の歴史のまとめ

各段階でどんな**適応**上の利益や進歩があったのかを頼りに、重要な段階をまとめると、意識が滑らかに〔ギャップなく〕進化したことを立証する役に立ちます。そうするために、図7・1について段階を追って検討しましょう。三七億年前、細菌（バクテリア）の姿をした最初の細胞は外界との境界がある私秘的（プライベート）な身体を備えていました。これが最初の生命です。それからしばらくした約六億六〇〇〇万年から六億年前に、細胞のコロニーから多細胞動物が生まれました。すると細胞ではなくコロニーが、**身体化**された生物〔個体〕となりました。身体全体が大きくなり、捕食されるのを防ぐという適応上の利益をもたらします。そして体内のたくさんの細胞が別々の組織や器官に分化し、効率的に役割を分担しました。その組織のひとつが神経性でした。つまり神経系が現れたのです。体内の離れた領域の間で、反射による相互伝達を**ニューロン**★が可能にしました。こうした神経伝達のおかげで、刺激に対して全身をすばやく反応させるだけでなく、体内のあらゆる機能をもっとうまく協調させることもできるようになります。この反射の段階が、さらに複雑な反射やシンプルな運動プログラムを蠕虫の姿をした祖先にもたらしました。五億八〇〇〇万年前の、蠕虫が這い回った跡の化石がこのすべてを物語っています。次に前節足動物と前脊椎動物の両者で、基本的な生存機能や覚醒〔arousal〕、向上した体内★**恒常性**（ホメオスタシス）を担う中核脳（コア・ブレイン）が現れました。その後ついに意識が、遠距離感覚やそのほかの特殊な神経生物学的特性とともに、約五億六〇〇〇万年前から約五億二〇〇〇万年前に最初期の節足動物や脊椎動物で進化しました。[注16] そして意識の進化は、適応上の格別な利点をもたらしたのです。

意識の適応的価値

意識を備える利点の一部、おもに複雑な三次元空間内で身体を操れるという点については、すでに紹介しました。ここで心的イメージと情感の両者を経験する生存的価値について、さらに詳しく説明しましょう（表7・1）[注17]。まず、イメージや情感の統一的な中央舞台（セントラル・ステージ）がある意識は、大量に押し寄せる感覚刺激を組織化して統合し、動作を選ぶうってつけの方法のように思われます。遭遇しうるあらゆる刺激のそれぞれに対する反応を前もって決めておくより、はるかに効率的でニューロ

表7・1　意識の適応上の利点

- たくさんの感覚入力を効率的に組織し、動作を選ぶための多様なクオリアの集まりにする。その際、多様な入力の間の矛盾を解消する。
- 複雑な環境を統一的にシミュレートして3次元空間で行動を舵取りする。
- 感知した刺激について、情感を割り当てて重要度を順位づけし、意思決定をしやすくする。
- 柔軟な行動を可能にする。
- より多くの、柔軟な学習を可能にする。
- 近い未来を予測し、誤りの修正を可能にする。
- 新しい状況にうまく対応する。

ンもずっと少なく済みます。そんなにたくさんの**反射弓**★や適切な運動プログラムを前もって決めて保持しておけるような脳はありませんし、融通が効かず柔軟性にも欠けます[注18]。進化史の観点から、こうした意識の効率性がいかに大きいか説明できます。最初期の脊椎動物や節足動物で、多種の感覚入力が新たに脳に送り込まれ始めたとき、これらの入力は地図で表された多感覚イメージとして組織されるようになりました。それにより、別々の感覚からのシグナルの間で明らかに食い違っている点やあいまいな点が解決できるようになったのです[注19]。

さらには、感知されたさまざまなものごとが、重要度に基づいてイメージ内で順位づけられます。最重要なものごとに最大の**注**★**意**が向けられ、最強度の情感（情動）が割り当てられるのです。そして同時に、イメージ内の重要なものごとによって、どの運動プログラムが司令、実行されるのかも決まります（たとえば、餌のありか〔の情報〕は採餌プログラムを引き起こし、捕食者〔の情報〕は逃避プログラムを引き起こすなど）[注20]。順位づけが重要なのは、それにより意識を備えた動物は**特定の目標**に注意を向け、情感を割

り当ててどの目標に接近しどの目標を避けるべきかわかるからでもあります。[注21]

一方で意識を備えておらず、反射や運動プログラムだけに頼る動物は、そこまで多くの感覚情報を効率的に処理できません。そのため活動性に限界があり、自分がどこにいるかわかる地図もないので、舵取りや事前準備のある行動をとれないのです。[注22] しかし意識を備えた動物は、たとえ障害物でごちゃごちゃした三次元のすみかであっても、どこにでも行けるし、たくさんのものを操作できます。

意識を備えていれば、意識を備えていない**システム**★より**柔軟**に行動できます。地図で表され、意識をともなったイメージのなかにある多種多様なものごとに対し、知覚世界のなかのあるものから別のものへと、いつでも注意を向け直して優先度を変更し、情感を割り当て直せます。その結果として反応も簡単に変わるのです。これが行動の柔軟性です。[注23] たくさんある複雑な刺激がたとえ地図で表されていなくても、意識は行動の柔軟性を実現できます。つまり地図で表されない刺激や比較的シンプルな刺激に対し感情価により順位づけするような、より純粋に**情感**的な意識でも、向く方向は簡単かつ柔軟に変えられうるのです。それにより、たとえば突然の騒音に驚いて、好奇心に突き動かされた行動(+)から恐怖にかられて一目散に逃避(−)し続けるように変わります。腐乱臭や死臭を不意に嗅いだときもそうです。意識の利点にはほかにも、たくさんの学習(★**無制約連合学習**、第4章参照)や短期予測(図6・5)が可能になる点もあります。両者とも、莫大な適応的価値をもたらします。

本章では、意識は自然現象であり、初期の単細胞生物に備わる基本特性から反射へ、そして心的イメージや情感を作る特殊な神経生物学的特性をともなう複雑な神経系へと、滑らかながらも「断続的」な進化史があることがわかりました（図7・1）。またイメージと情感という、意識のふたつの側面の両方を進化させる適応上の利点も検討しました。脊椎動物についてはほとんどくまなく、その進化をたどりました。節足動物や頭足類では、イメージの進化については十分に再構築でき、おそらく脊椎動物と同様な過程を経ただろうことがわかりました。つまり視覚と視覚イメージがとくに重要だったのです。

さて意識の進化の全段階について、自然現象の観点からギャップのない見取り図ができました。そこで最終章では、意識の神経生物学と進化に対するこれまでの分析を、説明のギャップや主観性を踏まえながら統合してみましょう。

第8章　主観性を自然科学で解き明かす

本書ではこれまで、**説明のギャップ**★を、またさまざまな**感覚意識**★を生みだすのに必要な共通の生物学的特性や神経生物学的特性を特定し（第2章〜第6章）、こうした特性がいかに自然現象として進化したのか明らかにする（第7章）のに紙幅を割いてきました。最終章となる本章ではこうした情報を統合し、科学の最大の謎のひとつ、脳と**主観性**★の関係を解き明かしてみましょう。

第1章を思い出してください。そこで私たちは、意識を自然現象として説明する理論を作り、謎めいた説明のギャップを解明するために、三つの原理から出発すると言いました。第一に、意識と主観性は生命に固有（ユニーク）な特性に基づいていること。第二に、意識はこうした生命の一般的特性に基づいてはいるものの、それに加えてシンプルな**反射**★や複雑な反射、**中核脳**（コア・ブレイン）★の機能を拠り所にし、さらにそこに**特殊な神経生物学的特性**★が加わること。そしてこの特殊な神経生物学的特性こそが、実際のところ意識を備えた脳に**固有**なのだということ。第三に、意識に固有なもともとの性質から、主観的な視点と**客観的**★な視点の分岐が生みだされること。
　また私たちのモデルからは、次のようにも言えます。新たな性質が何億年、何十億年もかけてだんだんと蓄積し、非生命から生命へ、そして反射へ、さらに意識へと進化的に発展して、説明のギャップと意識の両方を生みだしたのだ、と。ここで、生命のはじまりから主観性の誕生までをまとめあげたモデルを提示しましょう（図8・1）。

生命は意識、主観性、説明のギャップを解明するのに不可欠である

　私たちのモデルの最初の一手は、意識や主観性は根本的に、一般的な生命の機能に根ざしているという原理です。つまり意識は、生物が有する**身体的**（フィジカル）な生命の一部分として、生命と切っても切れない関係にあり、かつ生命には還元〔第1章を参照〕できないのです。[注1]
　この主張を支持するように、生物が有する生命に備わる特性と、感覚意識に備わる特性には、その多くに著しい共通性が見られます（第6章）。すなわち生命も意識も**身体化**★されており、プロセスであり、動物に固有な**システム**★特性です。そして複雑なシステムの下位区分（サブパート）とシステム内の（とくに**階層**★内の）相互作用の結果として自ずともたらされるのが、一般的には生命であり、特殊例としては感覚意識なのです。
　主観性と説明のギャップを説明するために、何をおいてもとくに重要なのは以下の点です。生命と意識は両者とも**身体化**されたシステム特性です。そのため生命の特性も意識の特性も、い

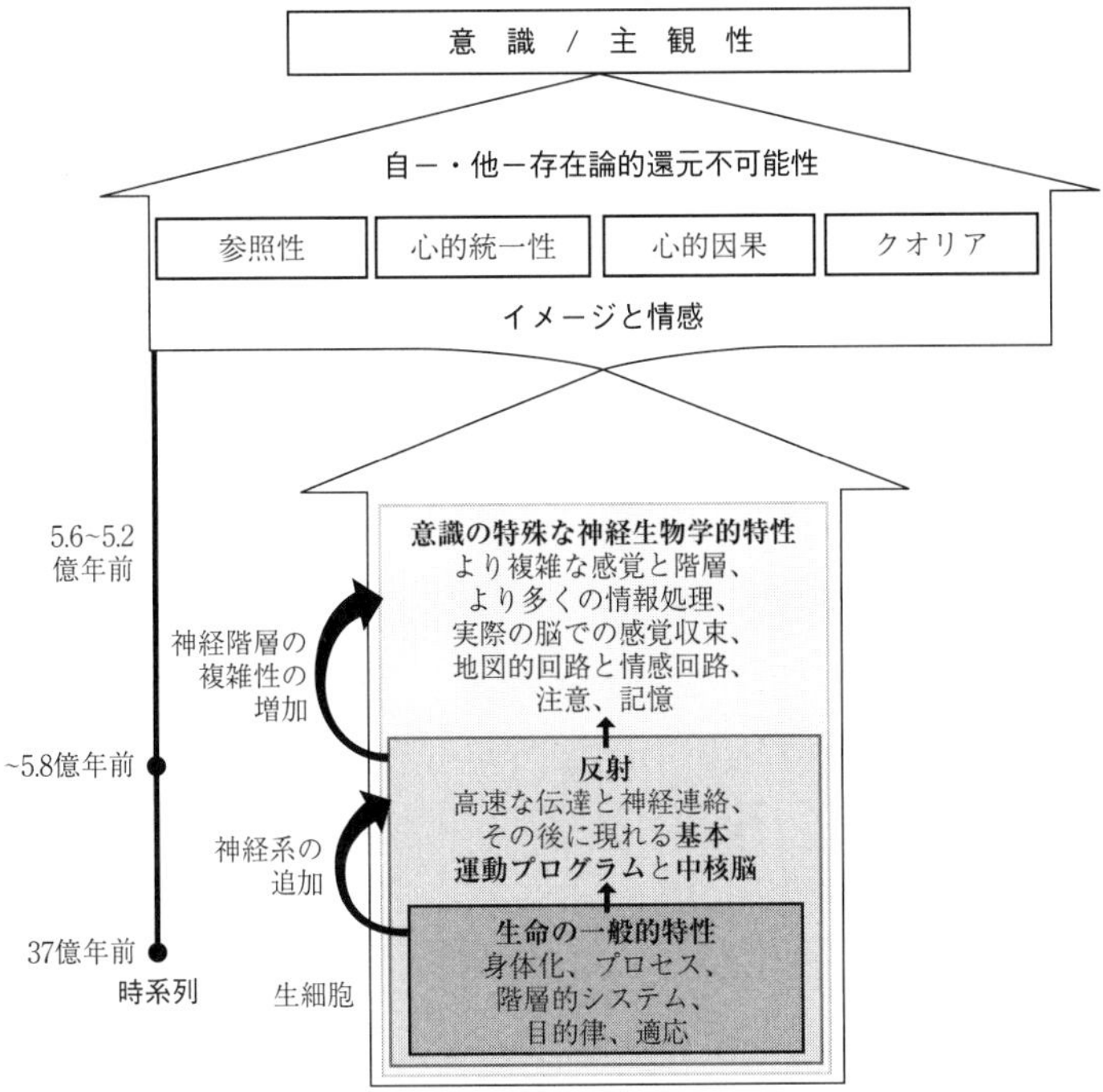

図8・1　意識と主観性から生じる問題への本書の自然主義的解決法のまとめ。進化段階に沿って、必要な生物学的特性や神経特性を踏まえ、主観性の構成要素（**図上部**）を説明する。意識についての神経存在論的な主観的特性（参照性など）の4つが、図の上部で四角に囲まれている。この4つは同時に、説明のギャップであり、ギャップ特性だと言える。

ずれも私的（パーソナル）な、生きている個体に固有のものだということになります。そのため、**意識の主観性は動物が有する私的な生命に根ざし、切っても切れない関係にある**のです。したがって説明のギャップを解明するには、のちに進化する意識に備わる主観性が、**一般的な生物学的特性**★の段階（レベル）もすでに内在している点を常に考慮にいれなければなりません。

反射と中核脳（コア・ブレイン）の機能が一般的な生物学的特性と特殊な神経生物学的特性を橋渡しする

反射や中核脳の機能は意識をともなわないのだと考えられるとしても、これらの進化は生命と意識、主観性をつなぐ決定的な仲立ちとなります（第6章）。この中間段階に見られる決定的な新要素には、特殊化した**ニューロン**★、神経による多細胞の身体全体の協調、神経処理の速度の増加、神経回路、神経階層の複雑化の萌芽が挙げられます（図3・5、図3・6の**ナメクジウオ**★を参照）。また反射に基づいて意識が構築された際、どのように**参照性**★、**統一性**★、**心的因果**★の段階への下地となり、お膳立てが整ったのかについてものちほど考えましょう。

特殊な神経生物学的特性は説明のギャップや意識に固有な側面を解明する根幹をなす

意識は特殊な神経生物学的特性を必要とします。実際のところ、特殊な神経生物学的特性は意識を備えた脳に固有のものです。これらの新しい特性は、自らが拠って立つ生命プロセス、反射、中核脳（コア・ブレイン）の機能と組み合わさり、**主観的経験**★の感覚**イメージ**★や**情感**★を自然現象として生みだします。

特殊な神経生物学的特性の段階では（表6・3、図8・1）、特殊感覚やニューロン型、新たな神経処理サブシステム、神経階層、さまざまな感覚からの情報の統合、低次と高次の段階の間の**双方向的伝達**★、**注意**★の効果、記憶の爆発的増大が見られます。こうした特性から、複雑な脳に固有な神経生物学的システム特性が生じるのです――生命が、自身の細胞内要素や細胞要素の相互作用から自然に生みだされるのと同じように。こうした説明をする際に注意すべきなのは、なんら新しい「根源的性質」も必要ないし、または未だ解明されない、あるいは新たな物理学や自然の原理も必要なく、ただ普通の、しかし固有な、生命と神経系のメカニズムだけが必要なのだということです[注2]。

とはいえ**原意識**★の神経生物学的基盤は、それにともなう**クオリア**★などの主観的特性ともども、個々の脳内でも、**脊椎動物**★、**節足動物**★、**頭足類**★のそれぞれの生物種の間でもきわめて多彩だということもわかります。意識に寄与する神経要素がどれほど多様かを裏打ちするため、これまで少ししか触れていなかった、脊椎動物のある脳領域を再検討しましょう。その領域とは、注意、警戒、覚醒〔arousal〕、そして覚醒状態〔wakefulness〕に寄与し、脳の広い範囲に影響を与える網様体賦活系と**視床**★です（第3章、第6章、図4・1）[注3]。これなくして意識はありえません。つまり主観性もです。これらの構造はとてつもなく広く分布しつつ意識に寄与するため（おそらく意識は、あらゆる神経機能のなかでもっとも脳の広範囲に及んでいます）、意識の神経基盤を脳の一部に限定するのは控えめに言ってもあまり上手くいかないでしょう。

ギャップとクオリアを解明する

すでに言及したとおり、説明[redacted]ギャップは一般的な生物学的特性や特殊な神経生物学的特性と直（じか）に関係づけられます。そこで[redacted]の一般的特性の分析から始めて、四つのギャップ（参照性、統一性、心的因果、クオリア）の穴[redacted]埋め、解き明かしましょう。

地図で表された**外★受容的**な[redacted]**的イメージ**の**参照性**は、究極的には生物の環境との関係に端を発します。外部（環境）に対する[redacted]部（生物）という関係性を備えた、**意識をともなわない生物**で当初確立された身体化という一般[redacted]な特性と、それにともなうシステム特性から考え始めましょう（図8・1下部の「生細胞」）。それより高次の、反射の段階では、外的刺激は自動的に環境へと方向転換（リダイレクト）され（反応が返され」、生物[redacted]環境との関係性が強化されました。この現象はたとえば、害となる刺激から自身を守るために[redacted]動的に身体を引っ込めたり、その刺激を押し返したりする様子からわかります。世界に対して生[redacted]が統合されているという点は、主観性がさらに発達するための土台そのものです。次に反射から[redacted]識へと発展する際には、**同★型的地図**が土台に加わり、きわめて詳細に身体から世界を区別する参[redacted]的感覚イメージが生みだされました。こうして図8・1上部の「参照性」がもたらされたので[redacted]。

特殊な神経生物学的特[redacted]という高次の段階にある、意識をともなった**統一性**は、符号化（エンコード）された感覚情報の集まりをまと[redacted]あげ、ひとつの統一的なイメージまたは情感へと結合する双方向的な神経相互作用と直に結びつ[redacted]ています（図8・1上部）。とはいえもっと基本的な段階へと視点を下ろすと、生命のあらゆる生理プロセスは統合・統一されて★**恒常性**（ホメオスタシス）を実現しており、反射〔の回路〕は遺伝的にあらかじめ配線され、統一的な動作を果たすために結びついたプログラムを生みだします。要するに、特殊な神経生物学的特性（表6・3）がもたらす統一性と統合性は、低次段階の生命や反射の統一的なシステム特性に端を発しているのです。くり返しになりますが、図8・1上部の「心的統一性」のギャップ特性は図下部の物理特性に由来するということです。

心的因果のギャップ的特性はいちばん簡単に、身体化された最初の生命まではるか遡って関連づけられます（図8・1）。どんな生細胞でも周囲の環境に対して、動いたり、餌を摂取したり、排泄物を排出したりして反応します。つまり生細胞の反応が環境に対する効果の**原因**となるのです。意識をともなわない個体の、**反射的**な動作や動きも同様です。そして意識をともなう心的因果は、こうした環境に対する個体身体の動作という枠にたしかにぴったりはまります。つまり自分の考えで他人の腕を動かすことはできず、自分自身の腕しか動かせません。

それでは、いちばんややこしい説明のギャップ、すなわち**クオリア**はどう説明したものでしょうか？　第1章と第2章で定義したとおり、クオリアは主観的に「感じ」られる感覚意識の「質」です。多くの（それどころか大部分の）研究者が、クオリアはもっとも難しい意識の神秘だとみなしている――そう言ってよいでしょう。フランシス・クリックとクリストフ・コッホは次のように書いています。

意識のもっとも難しい側面は、いわゆるクオリアの「**ハード・プロブレム**★」〔答えを出すのが非常に難しい問題〕である。クオリアとは、赤色の赤さ、**痛み**★の痛さなどのことだ。赤色の赤さという経験が、どのように脳の活動から生じるのか、誰も納得のいく説明をしていない。この問題に真っ向から挑むのは、無益なことのように思える。[注4]

クオリアを解明するという問題は、込み入ってはいますが克服はできるように思われます。まず右の「生命は意識、主観性、説明のギャップを解明するのに不可欠である」の項目で述べたとおり、意識の特性はクオリアも含めすべて究極的には動物が有する生命に端を発します。クオリアについてこの点を明らかにするため、以下の比較を考えてみましょう。呼吸は〔身体の〕広い範囲で見られる生理機能であり、呼吸の大規模（巨視的）なプロセスにはおもに肺や心臓がかかわります。つまり空気の吸引や、血液を肺へと流し込む心臓の拍動が関与します。こうした巨視的機能により、体細胞に必要な、ひいてはミトコンドリアでの細胞内プロセスのために必要な酸素が供給されます。このミトコンドリアで、究極的には生化学的な呼吸が行われるのです。つまり呼吸の巨視的プロセスと生化学的プロセスは大きくちがうものの、生きている呼吸系の一部として統合されていることは両方に共通しています。

　今度はクオリアを考えてみます。脊椎動物の脳の巨視的機能は、細胞の段階（レベル）でのニューロンや**シナプス**★とはまったくちがいます。しかしどちらも共通しているのは、いずれも動物が有する生命という統合されたシステムの構成部分だということであり、それが意識や主観性を生むシステムに不可欠なのです。この意味でクオリアは、神経系や脳の全体の生命機能の一部です。したがって赤の赤さを経験することは生的プロセス〔living process〕であり、痛みの痛さなども同様です。

図8・1でモデル化したとおり、クオリアは特定の複雑な脳に起こる、統合された生的プロセスだとみなせます。赤さ、痛み、飢え、幸福といった神経生物学的に多様な「感じ」のどれをとっても、**一般にクオリアは生命プロセス**〔life process〕**から切り離せません**。この意味でクオリアは、細胞が生きているのと同じように、または心臓が、あるいは個人が生きているのと同じように**生きている**のです。この視点からすると、イメージや情感が生みだされるのに不可欠な、きわめて多様な特殊な神経生物学的特性も（**同型**★的表象であれ、階層的に組織された神経相互作用であれ、**感情価★ニューロン**であれ、ほかの特殊な神経生物学的特性であれ）やはり生きているシステム特性であり生的プロセスです。[注5] そのため**図8・1**のモデルの上部に現れる主観性のギャップは、実際のところは下部に起源があるのです。

さらに、すでに説明したギャップのうちのふたつも、クオリアが生みだされるのにかかわっています。参照性と統一性です。外受容クオリアと**内受容**★クオリアは刺激が生じる世界や身体に向かって**参照**されます。そしてクオリアはある程度**統一**されていなければなりません。音、色、味、そして情感は、何百万もの統合ニューロンと（特殊な神経生物学的特性である）多数の階層段階（レベル）により、クオリアにあふれたそれぞれの経験へと統合されるのです。

観測、主観性、説明のギャップ——自－・他－存在論的還元不可能性

クオリアは図8・1の上部に位置しているので、クオリアの主観性を理解するには第三の原理が不可欠です。この原理は一人称の視点と三人称の視点の不一致にかかわりがあります。実際にはたがいに関係するふたつの原理からなり、主観性（経験）の客観的な記述との違いを生みます（図8・2）。

この決定的な原理のひとつめは、**自－存在論的還元不可能性**★です。[注6] かなり専門用語じみていますが、実際には魅力的かつ簡明直截な概念を表した用語です。自－存在論的還元不可能性は端的に言えば、**主観的な意識**は自身を生みだす**客観的**なニューロンを決して参照できないことを指します。つまり意識は、自身の心的できごとが物理的に作りだされる過程を経験できないのです。哲学者のゴードン・G・グロブスはこの特性について「脳は自身のいずれの構造も、まったくコードしていないし、まったく表象していない（神経系は自身の構造に対する感覚装置を何も備えていない）ように思える」[注7]と書いています。

つけ加えて、仮に主観的経験を生みだすさなかの自身のニューロンを主体が客観的に観測できたとします。たとえば自己脳視装置と呼ばれる、自分のニューロンを客観的に見ることを可能にする仮想的な装置を利用しましょう。[注8] たとえそうであっても、そういった観察は単に外側の三人称的観察と同じことにすぎないのであって、やはり自身の客観的な脳と自身が感じたこと、つまり主観的経験との間の壁に突き当たるのです。

自－存在論的還元不可能性の一部分は、意識の進化過程から説明できます。というのも、たとえ「意識」の回路が自分自身や脳のほかの部分に注意を向けることが可能だったとしても、そこに**適応**★上の利点は何もないからです。もっと基本的な生理プロセスがその代わりを務めます。たとえば**グリア**と呼ばれる「ベビーシッター」細胞が、ニューロンの様子を見て栄養を与え、構造を支持することで、正常なニューロンの機能を維持します。[注9] 動物が生き残れるかどうかは外界や自身の身体に注意が向いているかどうかで決まるので、意識的に自身のニューロンに注意を向けるように感覚神経ネットワークを進化させるのは努力を無駄に重ねていることになるでしょう。

　客観と主観の壁には、主観的状態が他者からは観測できないこともかかわっています。これを★**他（アロ）－存在論的還元不可能性**と呼びましょう（「アロ」とは「ほかの」という意味）。他－存在論的還元不可能性は、自（オート）－存在論的還元不可能性と表裏一体です（図8・2）[注10]。自－存在論的還元不可能性が「主体は自身の客観的な脳を経験できない」ことを指すのに対し、他－存在論的還元不可能性は「客観的な第三者は、主体の経験を直接的には観測も測定もできない」ことを指します。言い換えれば、ひとたび神経状態が主観的意識の私秘的（プライベート）な状態を得

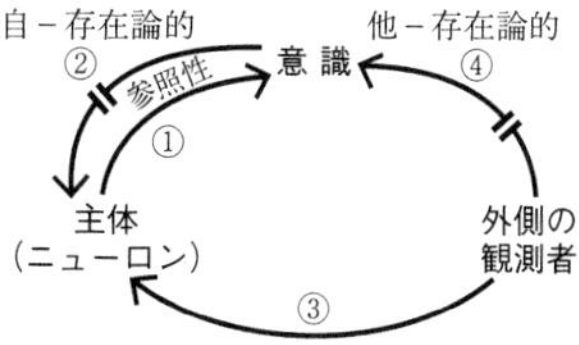

図8・2　意識の自－・他－存在論的還元不可能性。①参照された自身の意識経験へのアクセスが主体にはあるが、②経験を生みだす自身のニューロンへのアクセスはない。これが自－存在論的還元不可能性である。③外側の観測者は、主体のニューロンのはたらきに客観的にアクセスできるが、④主体の意識経験にはアクセスできない。これが他－存在論的還元不可能性である。

ると、それが外界の心的イメージだろうと内受容状態だろうと情感だろうと、他者からは決して客観的に観測も経験もされなくなるのです。

クオリアの神経生物学的基盤と主観性

私たちの分析から示唆されるのは、クオリアの物理的基盤や神経基盤を説明することは、クオリアの主観性を説明することと同一ではないということです。実際のところ、クオリアのギャップやクオリアのややこしい基盤を説明する際の大問題は、これまで右のふたつの問いをないまぜにしがちだったという点に尽きます。しかしここで、クオリアの説明やクオリアの主観性の説明は、重複しつつも、分けて考えられることを明らかにしましょう。その理由は以下のとおりです。

クオリアの特殊な神経生物学的基盤には複数の原因があることはすでに立証しました。クオリアは解剖学的に多様で脳に広く分布した構造から生みだされるためです。さらに主観性にも生命の「内部性」や自-存在論的還元不可能性、他-存在論的還元不可能性といった複数の原因があり、そのいずれもが、脳「であること」の主観的な経験と、その脳の客観的な観察との間の哲学的な差異に寄与することもわかりました。ただ注意が必要なのは、クオリアの原因はここに挙げた主観性の原因と同一ではないということです。そのためクオリアの神経生物学的な原因と、主観性の神経生物学的+哲学的な原因とは、相互に関係してはいますが、同一ではないのです。

したがって、かたや脳に固有な神経生物学的特性（表6・3）に由来するクオリアのもともとの性質に対する本書の説明と、かたや脳に固有な主観性が生じる理由（図8・2、および生命の身体化）は、同一の説明ではありません。ここが、これまで見逃されてきた肝心な点です。以上から、クオリアの神経生物学（表6・3）でクオリアの主観性（図8・2）を説明するのは不十分であり、主観性の神経生物学でクオリアが生みだされることを説明するのも不十分なことがわかりました。むしろクオリアに固有な神経生物学と主観性に固有な特性の組み合わせにより、クオリアに固有な主観性が説明できるのです。

つまり、普通はひとつの問題として扱われているものの、実際にはふたつの問題が俎上に載っていると言えます。クオリアは神経生物学的に固有であるのと同時に、もっぱら一人称的（主観的）でもあります。そして、これらふたつのクオリアの側面は異なっているのです。クオリアの固有性は「なぜクオリアは生まれるのか」という問題にかかわり、意識の特殊な神経生物学的特性で説明できます。またクオリアの主観性は「クオリアはなぜもっぱら一人称的なのか」という問題にかかわり、クオリアと生命の関係、そして自I・他I存在論的還元不可能性で説明できます。したがって「なぜニューロンは主観的なクオリアを生みだすのか？」という問いに答えようとするのは見当違いなのです。ふたつの答えが必要なのに、ひとつの答えを探し求めているのですから。

経験の特質

クオリアの主観性に関しては、また別の問題もあります。なぜ脳状態は、特定のありさまでものごとを「感じる」のでしょうか？　この問題についても、もう答えられます。デイヴィッド・チャーマーズはこの問題を**経験の特質**と呼びました。つまり「赤い」という主観的な「感じ」が、まさにその赤色に固有のありさまで「感じ」られるのはなぜなのか、あるいは聴覚経路の活性化がなぜ主観的に音を聞くことにつながるのか、というややこしい問題です。こうした問題は、科学的説明の範疇を超えてはいないでしょうか？　チャーマーズはこう述べています。

> なぜ個々の経験には特有の性質がもともとあるのだろうか。私が目を開けて仕事場を見回したとき、なぜ私はこのような経験をするのだろうか。もっと根本的な段階（レベル）では、なぜ赤はあのようにではなく、このように見えるのだろうか。赤いものを見ているとき、実際には青いものを見ているときのような色経験をしているのかもしれないということは、想像可能だと思われる。なぜその経験は、ほかでもない、ひとつのありようであるのか。その点で言えば、なぜ私たちはトランペットの音といったまったくちがったなんらかの感じではなく、私たちが感じるような赤らしさのある感じを経験するのだろうか[注11]。

この問題に対する私たちの答えはこうです。生命プロセスに主観的経験の**潜在的可能性**が「組み込まれ」ており、クオリアは生きている脳に固有であり、特殊な神経生物学的特性を必要とするシステム特性であると理解すれば、「赤さ」や「ド♯の音」の主観的な「感じ」、幸せや悲しいといった

「感じ」〔気持ち〕の間に違いがある理由がはっきりします。色や音、情感の処理の神経経路が非常に異なっていることは、もうわかっています。こうした神経経路は、いろいろな感覚刺激を処理し、さまざまな反応を舵取りするために進化しました。したがってこれらの神経経路は、同じように「感じる」ことはない、むしろ「感じる」ことはできないのです。したがって、これらの神経構造が生みだすクオリアが実質的にたがいに異なっているのは驚くには当たりません。言い換えれば、**神経状態の質的な違いは、神経状態そのものの違いに起因する**のです。クオリアはこれらの神経状態の統合された特性であり、これらの神経状態はクオリアに固有な神経生物学的プロセスを生みだす意識の一般的な生物学的特性と特殊な神経生物学的特性（図8・1）がもとになっています。

そのため「赤い」とは神経生物学的に固有であるのと**同時**に主観的でもあり、その「赤い」という「感じ」が神経生物学的に生みだされることと、その「感じ」の主観性が神経生物学的に生みだされることとの間に説明のギャップはありません。「なぜ赤色は赤く感じられるのか」という想定の謎は、網膜内で赤をコードする錐体細胞〔視細胞の一種〕あるいは脳の「色野〔色覚中枢〕」と「赤い」という主観的な「感じ」との間の**直接的な神経生物学的なつながり**から解決することはできません。むしろ「赤い」という「感じ」は神経生物学的に固有であるのと**同時**に主観的でもあるという点に答えがあるのです。そしてニューロンがどのように「赤いという感じ」を生みだすのかを解き明かすには、**あらゆる**要因を考慮に入れなければなりません。たとえば主観性への生命の寄与。あるいは（特殊な神経生物学的特性を備えたものとして）十分に複雑で、〔自－・他－存在論的還元不可能性により課された壁の内側で）さまざまな主観的クオリアを生みだせるよう（一般的な生物学的特性と特殊な神経生物学的特性を備える）適切にデザインされた脳、などなど。クオリアの存在（と赤色を「赤い」と感じるため）には、こうした要素がなければなりません。

結局、なぜ意識は存在するのか？

チャーマーズは「神経の物理プロセスから『経験』が生じるのは結局なぜなのか、どのように生じるのか？」という問いを意識の「ハード・プロブレム」と名付けて思考をめぐらせています。この件について、最後に論じましょう。主観的経験と主観的感覚に関連する脳機能が一切「闇の中で」（主観的に経験されずに）はたらくわけではないのは、なぜなのでしょうか？

> さらに踏み込んだこの問いは、意識の問題の鍵となる。こうした情報処理が内的な「感じ」なしで、一切が「闇の中で」はたらくわけではないのは、なぜなのか。電磁波（ここでは光線）が網膜に衝突し、視覚系により識別、分類（カテゴライズ）されるとき、この識別や分類（カテゴライズ）が鮮やかな赤色の感覚として経験されるのは、いったいなぜなのか。意識経験はこうした機能によりたしかに生じることはわかってはいるが、まさにその生じるという事実が謎の中心なのだ。[注12]

意識というテーマに関する多くの文献が、この問題を典型的な「意識のハード・プロブレム」だとみなしています。本書はこのハード・プロブレムに対する哲学的意見のそれぞれをつまびらかに論じる立場にありません。このテーマに関しては徹底的な議論がいくつもなされているので、そちらを当たってください。[注13] ここではハード・プロブレムに関する「なぜ意識があるのか」という側面の神秘が**神経生物学的自然主義**★によってどのように暴かれるのか、私たちの見解をお示しします。

まず神経生物学の見地からすれば、「なぜ意識を生みだす神経プロセスは意識なしの闇の中ではたらくことがないのか」と思いめぐらすのは、「なぜ生命を生みだす生物学的プロセスは、統合された生命のシステム特性なしではたらくことはないのか」、あるいは「何百万にも分裂した胚の細胞がヒトの身体になるとき、なぜ発生過程を経ずにヒトの身体になることはないのか」とマイアに尋ねるのに少し似ています。[注14] これらの疑問は、良く言ってもトートロジーであり、悪く言えば馬鹿馬鹿しいものです。生命は自然現象として生みだされる、原子、分子、組織、器官などの統合されたシステム特性です。生命には単一の原因があるわけではなく、生命は各部分に単純に還元されるわけでもありません。感覚意識も同じく、究極的にはまず生命の、そして反射の、果ては複雑な脳の自然な特性です。この点において、生命や胚発生がなぜ存在するのか以上の神秘は意識の存在にはなく、ただ主観性という特性がつけ加わっているのです。そして主観性という部分が身体化と存在論的還元不可能性に端を発することはもう解き明かしました。

もう一点、説明が要ります。チャーマーズは意識のハード・プロブレムと「イージー・プロブレム」を呼び分けしました。チャーマーズの説によれば、イージー・プロブレムとは識別や分類（カテゴライズ）、環境刺激への反応、認知システムによる情報統合などの能力であり、「計算論的メカニズムや神経メカニズムの観点から説明しても真っ向から太刀打ちしやすい[注15]」のです。一方で経験の問題つまりハード・プロブレムはそうは説明できません。その理路はこういうことのようです。もし計算論的メカニズム、認知メカニズム、さらに神経メカニズムによって闇の中で起こりうる脳機能や行動の数多を適切に説明できるのなら、脳がどのように「白日のもと」に起こる意識やクオリア、つまり経験を生みだすのか、私たちはどうやって説明できるのでしょうか？　この点が、説明されずに取り残されてしまうように思えるのです。

しかし神経生物学的自然主義という私たちの理論では、動物の経験は根本的に生命という土台の上に立ち、そこから切り離せないのだとされます。したがって私たちの説によれば、純粋な計算論的メカニズム（たとえばコンピューターをはじめとした、すでに知られているあらゆる非生物的な計算論的装置〔computational device〕のメカニズム）は、同じく情報処理に軸足を置く**意識の認知理論**とともに、生きている脳の生物学的特性や神経特性に訴える理論とは区別すべきです[注16]。私たちの仮説では、経験とクオリアは生的プロセスであり、非生物的な計算論のみで説明することはできません。そしてハード・プロブレムは、生物学的事象が動物の経験や意識を可能にする際に果たす本質的役割に起因し、かつ基づいていると見られます（図8・1）。

とはいえ、（チャーマーズが「イージー・プロブレム」と呼ぶ）かなり複雑な反射や中核脳（コア・ブレイン）の機能はたしかに闇の中ではたらくことにも注意が必要です。こうした意識をともなわない神経機能も生きており、そのため生命は意識に必要だといっても十分ではありません。何がほかに要るのでしょうか？　やはり意識の特殊な神経生物学的特性（表6・3）が、意識をともなわない神経処理と意識とを区別し、闇の中の反射や中核脳の機能が白日のもとへ現れる〔主観的に経験される〕ことを可能にするのです。

したがって「なぜ意識は闇の中ではたらくことはないのか」と問うより「意識をともなう主観的な『感じ』はそもそもどのように生みだされるのか」と問うたほうが科学的です。自然現象としてこの問いに答えるには、本書でこれまで立証したように、たくさんの変数が説明に必要だと考えられます。もし私たちの仮説が正しいとすれば、生命と反射、特殊な神経生物学的特性、自ー・他ー存在論的還元不可能性の組み合わせにより、意識に固有の現象と主観性の両方がどのように自然現象として生みだされるのかを説明できます。注意すべきは、「なぜ」「どのように」という理由は**ひとつではない**点です。むしろ生命を土台にした、多くの層からなる統合された生物学的階層段階（レベル）では、たくさんの特性が随所に見られ、それらが集まることで意識が実現するのです。

突き詰めれば、主観的経験のもともとの性質と意識を調べても、たがいに関係しつつも別個である三つの問題を区別できなければ、その根本的な理由は神秘のままになると言えます。

第一に、意識は驚くほど多様だということ。現に、心的イメージと情感、あるいは嗅覚と視覚を担う各脳領域、クオリア・参照性・統一性など★**意識についての神経存在論的な主観的特性**に見られる多様性をはじめとして、脳内でも多様です。また動物間でも多様であり、脊椎動物・頭足類・節足動物で脳はまったく異なります。こうした多様性はいずれも、意識や主観的経験を生物学的要素や神経生物学的要素の個別の集まりで説明したり、そこに還元したりはできないことを示しています。すべての意識に共有されている、ただひとつの「根源的な力」やプロセス、はては「意識の中核をなす神経回路」などありはしません。「一撃必殺」の理論はありません。むしろ意識は、生命、そして幾多の固有の神経生物学的構造・プロセスといった多因子からなる組み合わせから生じるのです。

第二に、クオリアを「ひとつのもの」として哲学的に扱うのは、主観的経験にはさまざまな神経生物学的基盤や質があるという知見とは、部分的にかつ非常に広い意味でしか合致しないこと。第一の主張に基づけば、主観性はきわめて多種多様な要素の結果として神経生物学的に生みだされ、さまざまな現れかた（経験のされかたなど）をするためです。さらには多様なクオリアをたった一種の神経メカニズムに帰して、クオリアなどの経験の広範な特性を脳内のどこかに「限定」することは不可能ということにもなります。

第三に、ひとたび脳の神経階層が主観的経験を可能とするほどの複雑性や特殊化の段階（レベル）に達すると、脳の三人称視点の観測と、それとはまったくちがう、意識の「特質」などの主観的「感じ」という側面との間に哲学的問題が生じること。といっても主観的経験には今後もずっと、主観や脳プロセスの三人称的な説明とはちがう特性があり続けるでしょう。サールが意識の存在論的主観性を主張した意図はここにあります。[注17] だからといって、意識の神経生物学的側面が科学的に説明できないということにはなりません。ただ神経生物学的問題と哲学的問題をないまぜにしてはいけないということなのです。

いみじくも「ハード・プロブレム」と名付けられた問題には、以上の三つの側面があるというのが私たちの結論です。これらはたがいに関係しつつも別々の問題であるため、別々の解決法があり、どれかをどれかに還元することもできません。それぞれを分けなければ、私たちは前に進めないのです。

原　注

第1章

1　生命は、生きていない自然物とは異なる：Mayr 2004.
2　説明のギャップ：Levine 1983.
3　Nagel 1974, p. 436.
4　原意識または現象的意識：C. Allen and Bekoff 2010; G. Edelman 1989; Revonsuo 2006, 2010.
5　Revonsuo 2006, p. 37.
6　生物学的自然主義の理論：Searle 1992, 2007, 2008, 2016.
7　Searle 1997, p. 212. サールは意識がもともと備える究極的に主観的な性質を「存在論的主観性」と呼んだ。
8　Feinberg 2012; Feinberg and Mallatt 2016a, 2016b.
9　「中核脳（コア・ブレイン）」については第6章で考察する。Lacalli 2008による呼称で、意識にではなく基本的な生存に必要な脳領域で構成される。脊椎動物では間脳の一部と脳幹が中核脳に含まれる。図6・4を参照。
10　クオリアまたは「質」：Chalmers 1995a, 1995b, 1996; Crick and Koch 2003; Dennett 1988; Jackson 1982; Kirk 1994; Levine 1983; Metzinger 2004; Revonsuo 2006, 2010; Tye 2000.

第2章

1　意識の三つのドメイン：Feinberg and Mallatt 2016a.
2　イメージに基づく意識：G. Edelman 1992, p. 112.
3　Damasio 2000, 2010.
4　情感意識：Cabanac 1996; Cabanac, Cabanac, and Parent 2009; Panksepp 1998, 2005.

5 「内受容」という言葉自体は典型的な意味で使う。つまり体内、おもに内臓の感覚の受容を指す（Sherington 1906）。したがって「内受容意識」はふたつの別の単語が組み合わさっている。一方でCeunen, Vlaeyen, and Van Diest 2016は身体状態を感じ取るときの主観的、意識的な部分を含めて「内受容」を使い、現代的で広義の用法だとしている。しかし、おしなべて哺乳類とその大脳皮質に基づいており、大脳皮質のないほかの動物の内受容を調べる妨げとなるため、本書の目的を阻んでしまうだろう。

6 部位局在地図、同型的地図：Hodos and Butler 1997. J. Kaas 1997も参照。

7 感覚を組織化するこうした地図の詳細は、神経生物学の主要な教科書、Brodal 2016やKandel *et al.* 2012などを参照。匂いの情報処理と嗅覚地図については、それぞれShepherd 2007とCourtiol and Wilson 2014を参照。

8 核心としての内受容意識：Craig 2010; Denton 2006; Vierck *et al.* 2013.

9 肺の気管の張りの感知：Nonomura *et al.* 2017.

10 Damasio *et al.* 2000.

11 内受容意識としての痛み：Craig 2003a, 2003b.

12 痛みの種類：Giordano 2005; Peirs and Seal 2016.

13 固有感覚：Proske and Gandevia 2012.

14 意識の運動的側面：Barron and Klein 2016a; Cruse and Schilling 2015; Godfrey-Smith 2016a, pp. 27, 81; Llinás 2002; Merker 2007; Morsella and Reyes 2016.

15 Feinberg 2012; Feinberg and Mallatt 2016a, 2016b.

16 砂粒問題：Lockwood 1993; Meehl 1966; Sellars 1963, 1965.

17 心的因果：Dardis 2008; Heil and Mele 1993; J. Kim 1998; Revonsuo 2010; Searle 2008; Walter and Heckmann 2003. Internet Encyclopedia of Philosophyの項目「Emergence」http://www.iep.utm.edu/emergenceも参照。

18 神秘の核心としてのクオリア：Crick 1995; Crick and Koch 2003; G. Edelman 1989; Jackson 1982; Kirk 1994; Metzinger 2004; Revonsuo 2006, 2010; Tye 2000.

第3章

1 どの哺乳類と鳥類も意識を備えているという理論には Århem *et al.* 2008; Boly *et al.* 2013; Butler 2008; Butler and Cotterill 2006; D. Edelman and Seth 2009; G. Edelman, Gally, and Baars 2011; Harnad 2016 などがある。

2 意識には大脳皮質および皮質視床相互作用が必要だという理論には Baars, Franklin, and Ramsoy 2013; Key 2014; Lau and Rosenthal 2011; Tononi and Koch 2015 などがある。Feinberg and Mallatt 2016a では、さらに多くの皮質視床理論を引用している。

3 皮質の損傷がヒトの意識に与える影響：Feinberg 2009; Scholarpedia の項目「touch disorders」http://www.scholarpedia.org/article/Central_touch_disorders; Wikipedia の項目「cortical blindness」https://en.wikipedia.org/wiki/Cortical_blindness; Wikipedia の項目「cortical deafness」https://en.wikipedia.org/wiki/Cortical_deafness を参照。

4 魚類の「気づき」：A. Abbott 2015; Balcombe 2016; Bshary and Grutter 2006; Schumacher, de Perera, and von der Emde 2017.

5 脊椎動物の同型的地図形成についてのより詳細な総説として Feinberg and Mallatt 2013 を参照。

6 鳥類の外套は哺乳類のものと比較可能だが、感覚領域に違いがある：Dugas-Ford, Rowell, and Ragsdale 2012; Jarvis *et al.* 2013; Karten 2013. 鳥類とイメージに基づく意識についての詳細は Marzluff *et al.* 2010; Stephan, Wilkinson, and Huber 2012 を参照。

7 視蓋と同型的地図：Butler and Hodos 2005; Guirado and Davila 2009; Knudsen 2011; Manger 2009; Northmore 2011; Robertson *et al.* 2006; Saidel 2009; Saitoh, Ménard, and Grillner 2007; Stein and

Meredith 1993. 多数の感覚がひとつの感覚イメージに寄与することの利点は、ひとつの感覚からでしかないときよりも正確になるためだ（Schumacher, de Perera, and von der Emde 2017）。

8 Feinberg and Mallatt 2013, 2016a. また Newport *et al.* 2016 はテッポウウオが個人個人の顔を学習できることを明らかにした。このことはテッポウウオが心的イメージを記憶すること、ひいては心的イメージをもつことがうかがい知れる——これが結論だ。

9 視蓋の機能：Ben-Tov *et al.* 2015; Del Bene *et al.* 2010; Graham and Northmore 2007; Gruberg *et al.* 2006; Gutfreund 2012; Kardamakis, Pérez-Fernández, and Grillner 2016; Nevin *et al.* 2010; Preuss *et al.* 2014; Schuelert and Dicke 2005; Temizer *et al.* 2015.

10 魚類や両生類の視蓋には、対象物を認識、知覚するはたらきがある：Dicke and Roth 2009; Wullimann and Vernier 2009. 同様に Bianco and Engert 2015 によると幼生のゼブラフィッシュの視蓋ニューロンの一部は「獲物を知覚認識」するという。大きさ、動きの速さ、色の明暗といった、獲物となる物の視覚的特徴に選択的に反応するためだ。

11 脳での位置の移動は、鳥類の進化でも独立に起こったらしい（図3・2）。しかし爬虫類での状態は紛らわしい。大脳に感覚的同型性が見つからないのに（この点では魚類や両生類と似ている）それでもいくらかは拡張していて、視蓋は同型的感覚表象を備え比較的大きい。したがって爬虫類の意識が視蓋にあるのか大脳皮質にあるのか判断するのは難しい。そのうえ、爬虫類の脳はあまり研究が進んでいない。鳥類と爬虫類の十分な議論は Feinberg and Mallatt 2016a, pp. 118–128, esp. 126–127 を参照。

12 視蓋の複雑さ：de Arriba and Pombal 2007; Marin, González, and Smeets 1997; McHaffie *et al.* 2005; Meek 1981; Northmore 2011; Saidel 2009; Wilczynski and Northcutt 1983. 視蓋内の回路は明らかにされつつある：Bianco and Engert 2015, pp. 843–844; Kardamakis, Pérez-Fernández, and S. Grillner 2016.

13 これを陳述記憶といい、硬骨魚類で海馬（あるいは海馬相当物）が関与する証拠を Woodruff 2017 がまとめている。ここでは前脳の外套に関して興味深い情報を追記する。外套は高次機能を果たす、おそらくどの脊椎動物でも脳の中でいちばん複雑な部分である（Feinberg and Mallatt 2016a を参照）。嗅覚の情報を処理するのは当然として、ほかにもたくさんの感覚情報を統合して随意運動・行動を指示する。魚類や両生類、爬虫類では、嗅覚以外の感覚入力は高度に情報処理されてはいるが同型的ではないかたちで外套に達する。そのためこうした脊椎動物のそれぞれでは外套が嗅覚以外の感覚意識でどんな役割を果たしているのか判断に苦しむ（とはいえ、意識をともなう記憶と関連があるとしてきた。Feinberg and Mallatt 2016a, pp. 112-115 参照）。最近 Suryanarayana *et al.* 2017 がヤツメウナギ（脊椎動物の系統の根幹から分岐した無顎魚類）の外套の主要な神経アーキテクチャーを明らかにし、ずいぶん単純ではあるものの基本的には哺乳類の大脳皮質と類似していることを見いだした。実際のところヤツメウナギの外套は単純すぎるように見える。下位領域間での違いもあまりないうえに出力ニューロン（いわゆる「錐体路細胞」）による統合もそれほど行われず、介在ニューロンの種類も少ししかない（Suryanarayana *et al.* 2017 の単純な神経回路図を参照）。ヤツメウナギの行動は単純ではなく、獲物の追跡から長距離の回遊、交配の際の儀式や造巣まで多岐にわたるため（Hardisty 1979; Hume *et al.* 2013; Swink 2003）、それほど単純な外套の神経回路がこういった行動を引き起こしたり影響を及ぼしたりしうるのは不可解である。しかし Suryanarayana *et al.* 2017 では基本的な神経回路しか明らかにされなかったので、将来の研究で複雑な神経構造がまだたくさん見つかるかもしれない。さらにヤツメウナギでもほかの脊椎動物のように、外套はほかのたくさんの脳部位と相互に連絡する（Northcutt and Wicht 1997）。その点で外套は複雑な入力、出力、神経処理のハブではあるにちがいない。

14 Feinberg and Mallatt 2016a, p. 115 を参照。

15 網様体など：Lee and Dan 2012.

16 選択的注意と意識：Marchetti 2014; Tsuchiya and van Boxtel 2013.

17 ヤツメウナギの視蓋と注意：Kardamakis, Pérez-Fernández, and Grillner 2016.

18 Woodruff 2017; Ben-Tov *et al.* 2015.

19 Feinberg and Mallatt 2013, 2016a, 2016c.

20 捕食者としてのヤツメウナギ：Swink 2003.

21 ヤツメウナギの造巣：Hume *et al.* 2013.

22 魚類がそれぞれのクオリアを区別するという証拠は、Schumacher, de Perera, and von der Emde 2017 を参照。

23 意識をともなう感覚階層のニューロン数：Feinberg and Mallatt 2016a, p. 178.

24 Lacalli 2008, 2013, 2015, 2018. ラカーリは被嚢類よりナメクジウオに注目している。被嚢類の幼生では、中枢神経系の構造の知見はおもにイアン・マイナーツハーゲンの研究室からもたらされている。たとえば Ryan *et al.* 2016 を参照。

25 Lacalli 2018.

26 視覚がイメージに基づく意識の進化に拍車をかけた：Feinberg and Mallatt 2016a, pp. 81-85; Lamb 2013; Parker 2009.

27 外胚葉プラコードと神経堤：Gans and Northcutt 1983; B. Hall 2008; Northcutt 2005; Schlosser 2014.

第4章

1 情感は情動と気分とに分けられる：Bethell 2015; Seth 2009a; Wikipedia の項目「mood (psychology)」https://en.wikipedia.org/wiki/Mood_(psychology). 情動は気分よりも持続期間が短く、激しく、傾向として特定の種類の刺激に引き起こされる。例としてはポジティブな喜びの気持ち。対照的に、気分はひっそりと長く持続する。たとえば気楽な状態や苛立っている状態。

2 Feinberg and Mallatt 2016a, chap. 8.

3 オペラント学習：Brembs 2003a, 2003b; Perry, Barron, and Cheng 2013.

4 無制約連合学習：Bronfman, Ginsburg, and Jablonka 2016.

5 シンプルな神経系を備えたイソギンチャク、クラゲ類での古典的学習：Haralson, Groff, and Haralson 1975.

センチュウ、節足動物、脊椎動物、巻貝類など：Perry, Barron, and Cheng 2013.

6 Feinberg and Mallatt 2016a, table 8. 3.

7 Feinberg and Mallatt 2016a.

8 情動にかかわる大脳皮質：Barrett *et al.* 2007; Berlin 2013; Craig 2010; LeDoux 2012; LeDoux and Brown 2017; Rolls 2014. 皮質下の情動：Damasio 2010; Damasio, Damasio, and Tranel 2012; Denton 2006; O'Connell and Hofmann 2011; Panksepp 1998, 2016; Solms 2013.

9 皮質が関与しない強い情動：Aleman and Merker 2014; Berridge and Kringelbach 2015, p. 651; Merker 2007; Panksepp *et al.* 1994.

10 Merker 2007, p. 79.

11 Aleman and Merker 2014.

12 脳深部刺激法：Panksepp 2015.

13 内側前脳束のふたつの部分：Panksepp 2016.

14 情感にかかわる脳構造があらゆる脊椎動物に見られる：Feinberg and Mallatt 2016a, chap. 8.

15 内側前脳束があらゆる脊椎動物に見られる：Butler and Hodos 2005; Pombal and Puelles 1999.

16 神経修飾物質による伝達：Arbib and Fellous 2004, p. 558; Hu 2016; Namburi *et al.* 2016; Perry and Barron 2013; Zeman 2001.

17 感情価ニューロン：Betley *et al.* 2015; Beyeler *et al.* 2016; Felsenberg *et al.* 2017; Namburi *et al.* 2016. ホットスポット：Berridge and Kringelbach 2015; Hu 2016; Namburi *et al.* 2016.

18 渇きに関する研究：W. Allen *et al.* 2017. Gizowski and Bourque 2017 も参照。

19 原初の情動：Denton 2006.

20 Campos *et al.* 2018.

21 情感中枢：Feinberg and Mallatt 2016a, chap. 8. 扁桃体の恐怖学習：Grewe *et al.* 2017. 網様体の前方部（背

外側被蓋野）による、情動の強さの調整と覚醒：図４・２ＡのＬＤＴおよびBrudzynski 2014; Rodriguez-Moldes *et al.* 2002; Ryczko *et al.* 2013を参照。さまざまな情感機能を果たすそれぞれの脳領域の詳細はBerridge and Kringelbach 2015; Damasio, Damasio, and Tranel 2012を参照。

22 側坐核、大脳基底核、視床下部、中脳水道周囲灰白質でのこうした機能の詳細はBrodal 2016などの神経生物学の書籍を参照。

23 ウミウシの回路：Gillette and Brown 2015. シンプルで、階層の段階がないことBronfman, Ginsburg, and Jablonka 2016, pp. 6, 8.

24 中枢パターン生成器：Selverston 2010.

第5章

1 無脊椎動物の一部が意識を備える：Barron and Klein 2016; Cruse and Schilling 2016; D. Edelman and Seth 2009; S. Edelman, Moyal, and Fekete 2016; Elwood 2016; Godfrey-Smith 2016a; Klein and Barron 2016a, 2016b, 2016c; Mather and Carere 2016; Merker 2016; Montgomery 2015.

2 節足動物は情感意識を検証するさまざまなテスト、つまりオペラント学習行動、行動的トレード・オフ、欲求不満、鎮痛剤の自己供給をするかどうかのテストをパスしてきた。オペラント学習行動：Abramson and Feinman 1990; Brembs 2003a; Kawai, Kono, and Sugimoto 2004; Kisch and Erber 1999; Tomina and Takahata 2010. 行動的トレード・オフ：Elwood and Appel 2009; Herberholz and Marquart 2012; Stevenson and Schildberger 2013. 欲求不満：Pain 2009. 鎮痛剤の自己供給：Huber *et al.* 2011; Huston *et al.* 2013; Shohat-Ophir *et al.* 2012; Søvik and Barron 2013.

3 頭足類での情感に関するテストについての総説としてGodfrey-Smith 2016a, pp. 50–59を参照。オペラント条件学習と無制約連合学習についてはAndrews *et al.* 2013; Bronfman, Ginsburg, and Jablonka 2016; Cartron, Darmaillacq, and Dickel 2013; Crancher *et al.* 1972; Gutnick *et al.* 2011; Packard and Delafield-

Butt 2014; Papini and Bitterman 1991を参照。行動的トレード・オフについてはAnderson and Mather 2007; Mather and Kuba 2013を参照。

4 節足動物はイメージに基づく意識についての特性を備える：Feinberg and Mallatt 2016a, table 9.2; Strausfeld 2013を参照。ハエの脳には、自分がどこに向かっているのかについての表象がある：S. Kim *et al.* 2017を参照。ハエの体性感覚（触覚）と味覚の経路が別の感覚モダリティとして部位局在的に地図化されていることについては、Tsubouchi *et al.* 2017を参照。節足動物の脳内のニューロンは少ない：Feinberg and Mallatt 2016a, p. 181.

5 昆虫と脊椎動物のニューロンの数の比較：Chittka and Niven 2009; Wikipediaの項目「list of animals by number of neurons〔各動物のニューロン数のリスト〕」http:// en.wikipedia.org/wiki/List_of_animals_by number_of_neurons.

6 頭足類のニューロン数：Hochner 2012.

7 センチュウ類の学習には制限がある：Bronfman, Ginsburg, and Jablonka 2016; Perry, Barron, and Cheng 2013.

8 センチュウ類にはイメージに基づく意識はない：Klein and Barron 2016a. Ardiel and Rankin 2010も参照。

9 センチュウ類のシステマティックな探索〔区域限定的探索area-restrected serchと呼ばれる、報酬が見つかった場所の周辺を重点的に探索する行動〕：Hills 2006. センチュウの採餌行動は意識をともなわない：Klein and Barron 2016a.

10 巻貝類の一部は意識を備える一歩手前にあるかもしれない：Bronfman, Ginsburg, and Jablonka 2016, pp. 6-8. 二次学習：Loy, Fernández, and Acebes 2006. 競合する刺激によるブロッキング：Prados *et al.* 2013. 巻貝類の眼：Ziegler and Meyer-Rochow 2008. 腹足類には単純なオペラント条件づけしかない：Brembs 2003a, 2003b.

11 Montgomery 2015; Godfrey-Smith 2016a. 頭足類の意識についての詳細はDarmaillacq, Dickel, and Mather

2014を参照。

12 頭足類の研究：D. Edelman and Seth 2009; Gutnick *et al.* 2011; Hochner 2013; Hochner, Shomrat, and Fiorito 2006; Mather 2012; Mather and Carere 2016; Mather and Kuba 2013.

13 遊びに関する一般的な議論と頭足類での議論の両方について：Burghardt 2005; Mather and Anderson 1999を参照。

14 節足動物が意識を備えているかどうかの論争の詳細はBarron and Klein 2016a, 2016b; Klein and Barron 2016、また Adamo 2016a, 2016b; Cruse and Schilling 2016; Elwood 2016; Key 2016; Klein and Barron 2016b, 2016c; Mallatt and Feinberg 2016; Merker 2016; Shanahan 2016; Søvik and Perry 2016; Tye 2016をはじめとする*Animal Sentience*誌での討論を参照。

15 節足動物が均一かどうかの議論：Tye 2016.

16 初期の節足動物と後代の節足動物の脳化石：Cong *et al.* 2014; Ma *et al.* 2012.

17 ハチと心的イメージ：Fauria, Colborn, and Collett 2000.

18 「いや、これは意識ではなくもっと単純な、潜在的な〔意識にのぼらない〕連合学習にすぎない」との反論もあるかもしれない。それにはこう答えよう。ふたつ一緒になっているという複雑な視覚パターンが、予期することなく時空間的に分かたれて複雑さがもっと増しているので、詳細な心的イメージが記憶されていなければハチはこのパズルを解いて餌を見つけることができない――そこがミソなのだ。

19 ハチと情感：Perry, Baciadonna, and Chittka 2016.

20 判断バイアステストの詳細はBethell 2015を参照。

21 多重実現可能性：Piccinini and Craver 2011, pp. 301-302.

第6章

1 共通の「意識の神経相関」を、とくに大脳皮質に見いだすことは意識研究の分野の多くの研究者の目標である。例としては：Aru *et al.* 2012; Chalmers 2000; D. Edelman *et al.* 2005; Fink 2016; Hohwy 2007; Mormann and Koch 2007; Reggia 2013; Searle 2007; Seth 2009a; Seth, Baars, and Edelman 2005.

2 大脳皮質は必要ではなく、下位の脳領域だけで十分：Barron and Klein 2016; Bronfman, Ginsburg, and Jablonka 2016; Ginsburg and Jablonka 2010; Merker 2007.

3 生命と主観性は私的：Thompson 2007.

4 生命と主観性はプロセス：James 1904.

5 システムと階層の理論：Ahl and Allen 1996; T. Allen and Starr 1982; Mayr 1982; Salthe 1985; Simon 1962, 1973. 構成的階層：Mayr 1982. Feinberg 2000 も参照。

6 創発的特性：Campbell 1974; Clayton 2006; Mayr 1982; Morowitz 2004; Pattee 1970; Salthe 1985.

7 創発と意識：Beckermann, Flohr, and Kim 1992; Chalmers 2006; Craver 2007; Feinberg 2001, 2012; Feinberg and Mallatt 2016a; J. Kim 1992, 2006; Mallatt and Feinberg 2017; Searle 1992, p. 11; Van Gulick 2001.

8 サールはこうした創発の見方を「創発Ｉ」と呼ぶ。意識にかかわる創発の哲学についてのサールの議論は Searle 1992, pp. 112-126 を参照。

9 目的律と適応：〔目的律は〕生化学者のジャック・モノー〔Jacques Monod〕の造語だが、これらの語の定義は Mayr 2004 に由来する。

10 クラゲやそのなかまの神経網：Bosch *et al.* 2017; Ruppert, Fox, and Barnes 2004.

11 センチュウの複雑反射：マーク・アルケマ研究室から：Fang-Yen, Alkema, and Samuel 2015 を参照。Pirri *et al.* 2009 も参照。

12 脊椎動物と昆虫の中核脳（コア・ブレイン）：Barron and Klein 2016, p. 7; Lacalli 2008; Merker 2007, 2016; Søvik and Perry 2016.

13 中核脳は恒常性の維持、パターン化された移動運動、覚醒、注意、動機づけにかかわる：Brodal 2016;

Grillner *et al.* 2005; Nieuwenhuys, Veening, and Van Domburg 1987; Parvizi and Damasio 2003.

14 網様体は広く投射する：Brodal 2016.

15 ナメクジウオ幼生の中核脳：Lacalli 2018.

16 昆虫の覚醒と注意：Van Swinderen and Andretic 2011.

17 昆虫で覚醒ニューロンが移動運動に影響する：De Bivort and Van Swinderen 2016.

18 昆虫の中核脳と動機づけ：Klein and Barron 2016a, p. 7.

19 イメージに基づく意識だけが、即時的な刺激がなくても複雑な空間のなかで方向づけられた計画的運動を可能にする：Barron and Klein 2016; Hills 2006; Merker 2007, 2016; Søvik and Perry 2016.

20 特殊な神経生物学的特性：Feinberg and Mallatt 2016a.

21 ニューロン型：Jabr 2012; Kandel *et al.* 2012; Strausfeld 2013; Underwood 2015; Yoshinaga and Nakajima 2017; Zeisel *et al.* 2015.

22 脊椎動物、節足動物、頭足類の複雑な感覚についての詳細は Kardong 2012; Kuba, Gutnick, and Hochner 2012; Mather 2012; Strausfeld 2013 を参照。

23 神経階層の特殊な神経生物学的特性についての議論は Feinberg 2011; Feinberg and Mallatt 2016a, chap. 2 を参照。

24 意識を備えたシステムの双方向的伝達：Lamme 2006.

25 意識を生みだすために神経情報を結合させる双方向的振動波に関する大量の文献の一部として Feinberg and Mallatt 2016a, pp. 266n13, 268n28、さらに Akam and Kullman 2014; Khodagholy, Gelinas, and Buzsáki 2017; Krebber *et al.* 2015; Min 2010; Paulk *et al.* 2013; Randall, Whittington, and Cunningham 2011 を参照。情報を結びつける過程ではガンマ波が重要だという古くからの見解については Koch *et al.* 2016 の最近の総説で批判されている。

26 Tononi 2011; Tononi and Koch 2015.

27 頭足類と節足動物の脳における多感覚収束：Graindorge *et al.* 2006; Hochner 2013; Klein and Barron 2016a.

28 予測：Bronfman, Ginsburg, and Jablonka 2016; Clark 2013; Eshel *et al.* 2015; Gershman, Horvitz, and Tenenbaum 2015; Llinás 2002; Schultz 2015; Seth 2013.

29 脊椎動物の注意：第3章および Krauzlis, Lovejoy, and Zénon 2013 を参照。

30 昆虫の注意：De Bivort and Van Swinderen 2016. Van Swinderen and Andretic 2011 も参照。

31 昆虫の長期記憶：Comas, Petit, and Preat 2004; Tonoki and Davis 2015. 魚類：Schluessel and Bleckmann 2005.

32 各種の記憶：Koch 2004. Kaas, Stoeckel, and Goebel 2008; The Human Memory, "Sensory Memory," http://www.humanmemory.net/types_sensory.html; BYU David O. McKay School of Education, "Cognition: Sensory Memory," http://byuipt.net/564/2013/08/23/cognition-sensory-memory も参照。

33 Koch 2004.

第7章

1 図7・1の証拠資料は以下のとおり。最古の細菌様化石は三七億年前：Nutman *et al.* 2016; Schopf and Kudryavtsev 2012. しかし細胞化石ではなく岩石化学による Tashiro *et al.* 2017 の反証研究によれば三九億五〇〇〇万年前。最初の多細胞動物は六億六〇〇〇万年前から六億年前：Brocks *et al.* 2017. 神経系を備えた最初の動物が現れた時期の導出には、物的証拠を利用した。つまり最古の体化石と生痕化石である（生痕化石は、太古の海底の泥や砂に残る蠕虫の移動痕や引っ掻き痕が石化したものなどであり、行動の証拠となる）。Pecoits *et al.* 2012 を参照。最初の節足動物は五億四〇〇〇万年前の引っ掻き痕から（Mángano and Buatois 2014）、最初の脊椎動物は五億二〇〇〇万年前の体化石から（Shu *et al.* 2003）存在が証明された。いま生きている動物の遺伝子配列から得られる「分子時計」を使う別の手法によって時期を定めた研究者もおり、基本的な動物群〔動物門など〕の起源はもっと古いと提唱している。こうした分子時計による年代決定についての詳しい議論は Erwin and Valentine 2013 を参照。

2　正確には、放射線同位体による年代決定によればカンブリア紀は五億四一〇〇万年前から四億八五〇〇万年前まで続いた。Erwin and Valentine 2013 を参照。私たち以外に、カンブリア爆発の間に意識が生じたと提起する研究者には、Barron and Klein 2016; Bronfman, Ginsburg, and Jablonka 2016; Godfrey-Smith 2016b; Packard and Delafield-Butt 2014; Trestman 2013; Verschure 2016 がいる。

3　祖先は蠕虫のようなシンプルな姿をしていた根拠は Feinberg and Mallatt 2016a, pp. 61-62 にある。生命の樹を構築するための遺伝子を使って、この主張を支持する新たな証拠が得られた〔系統解析により、蠕虫のような姿をした珍渦虫と無腸類からなる珍無腸動物門〔Xenacoelomorpha〕が左右相称動物の根元から分岐したことが示唆された〕。Cannon *et al.* 2016 を参照。

4　Pecoits *et al.* 2012 がこうした蠕虫の移動痕を報告している。Klein and Barron 2016a; Carbone and Narbonne 2014 も参照。

5　先カンブリア時代では行動上の相互作用はわずかだった：Godfrey-Smith 2016b.

6　捕食がカンブリア爆発の鍵だった：Erwin and Valentine 2013. 捕食の前段階としての死肉あさり：Godfrey-Smith 2016a, p. 37, after James Gehling, and Schiffbauer *et al.* 2016.

7　遠距離感覚：Lamb 2013; Parker 2009; Plotnick, Dornbos, and Chen 2010; Trestman 2013.

8　頭足類の意識の進化：Kröger, Vinther, and Fuchs 2011. Godfrey-Smith 2016a も参照。いま生きている頭足類にはオウムガイもおり、その脳や眼はタコやコウイカ、イカよりいくぶん未発達である（Shigeno 2017）。オウムガイはおそらく意識を備えていないのではないか？

9　こうした遠距離感覚とはどんなものだったのかは正確にわかる。今日のヤツメウナギ、サメ、硬骨魚類で共通しているからだ。詳細な視覚、聴覚、嗅覚、味覚などである。最初期の魚類には電気受容（電場を感じることで水中の物体を検知する：Bellono, Leitch, and Julius 2017 を参照）や、側線系の機械受容器もあった。

側線系の機械受容器は、動いている物体が海水中で起こす振動を感じることで、その物体を検知する（Kardong 2012）。

10 カメラ眼がもたらす情報がもっとも多い：Trestman 2013.

11 嗅覚が先行：Kohl 2013; Plotnick, Dornbos, and Chen 2010. ナメクジウオや被嚢類〔ホヤ類〕には嗅覚器が見られないので、視覚が先行：Feinberg and Mallatt 2016a, pp. 83-84; Kardong 2012; Vopalensky *et al.* 2012.

12 葉足動物：Ortega-Hernández 2015.

13 カギムシの眼と脳：Homberg 2008; Mayer 2006; Schumann, Hering, and Mayer 2016; Strausfeld 2013, pp. 384-391. 以上の文献から、蠕虫の姿をしたカギムシには嗅覚のための触角や、嗅覚処理を担う発達した脳領域があることもわかる。こうしたことから、節足動物の嗅覚受容は脊椎動物の進化より早期から役割があったことがうかがい知れる。

14 腹足類の神経系は比較的シンプル：Baxter and Byrne 2006; Ruppert, Fox, and Barnes 2004; Wikipedia の項目「nervous system of gastropods」https://en.wikipedia.org/wiki/Nervous_system_of_gastropods.

15 昆虫の情感中枢と前運動中枢：Davis *et al.* 2014; Perry and Barron 2013; Søvik, Perry, and Barron 2015; Waddell 2013.

16 本章の注1に、これらの年代や段階の証拠資料が挙げられている。

17 意識の適応的機能に関するこれらの見解は、以下の情報源に依拠している。Seth 2009b を見ると、意識がほかの神経プロセスをいかに統合するかについて、次の二点から文献をまとめている。すなわち、どのように世界をシミュレートし、それにより行動を通した世界との相互作用を改善し柔軟性を高めるのか（Baars 1988; Dehaene and Naccache 2001）、意識をともなう注意により学習や記憶がどのように改善するのか（G. Edelman 2003; Lamme and Roelfsema 2000）、である。意識は動作を選択する際に最善である（Denton 2006, p. 5; Jonkisz 2015; Keller 2014）。とくに複雑な環境下で行為を選択する際に顕著（Damasio 2010, pp.

61–62, 284)。脊椎動物の視蓋や、情感にかかわる脳構造は、どちらも意識に大きくかかわり、各動作のために運動プログラムを選ぶ大脳基底核へと出力を送る：de Arriba and Pombal 2007; McHaffie *et al.* 2005.

18 「遭遇するあらゆる状況と適応的反応に対応する無数の神経プログラム」が必要であり、それを担うのが意識である：Ristau 2016（右の引用は動物行動学者ドナルド・グリフィンの主張から）。

19 意識は矛盾する感覚入力の食い違いを解消する：Seth 2009b, after Morsella 2005.

20 重要なものごとが運動プログラムにもっとも影響を与える：Andersen *et al.* 2015.

21 重要性の順位づけと情感：Cabanac 1996.

22 特殊感覚がなければ、行動の舵取りもない：Barron and Klein 2016; Merker 2007, 2016.

23 神経の複雑性のモデル研究に基づく、意識がいかに行動の柔軟性をもたらすかについての別の説明は、Seth 2009a, pp. 53–54 を参照。

第8章

1 生命と意識の重要なつながりを扱う本章は、Feinberg 2012; Feinberg and Mallatt 2016a, pp. 195–196; Feinberg and Mallatt 2016b で提示した見解を発展させたものである。生命と意識のつながりについて、哲学的な視点からの詳しい分析は Thompson 2007 を参照。Terrence Deacon 2011 は熱力学、創発、自己組織的システムに依拠しながら心と物との関係に関する複雑な理論を提唱している。また Mayr 2004, p. 35 も生物学の哲学が意識や心を説明するのに不可欠だと述べている。

2 Chalmers 1995a, 1996 は、意識は「根源的」なものとしてみなすべきであり、「より単純な何か」で説明することはできないと主張した。

3 Brodal 2016; Grillner *et al.* 2005; Nieuwenhuys, Veening, and Van Domburg 1987; Parvizi and Damasio 2003. 網様体と視床に関するさらなる文献は、Feinberg and Mallatt 2016a, p. 269n46 を参照。

4 Crick and Koch 2003, p. 119. この引用で言及されている「ハード・プロブレム」はデイヴィッド・チャーマーズの造語であり、物理的な脳が「どのように」「なぜ」主観的な経験を生むのかという問題を指す。

5 クオリアには生命だけがあれば十分と言っているのではなく、単に生命は動物のクオリアの前提条件だと言っていることに重ねて注意されたい。

6 Feinberg 2012; Feinberg and Mallatt 2016a, 2016b.

7 Globus 1973, p. 1129.

8 自己脳視装置：Feigl 1967, p. 14.

9 グリア細胞：N. Abbott 2004; J. Hall 2011; Oberheim, Goldman, and Nedergaard 2012; Verkhratsky and Parpura 2014.

10 自－存在論的還元不可能性：Feinberg 2012; Feinberg and Mallatt 2016a, 2016b.

11 Chalmers 1996, p. 5.

12 Chalmers 1995a, p. 203.

13 意識のハード・プロブレムについての詳細：Bruiger 2017; Churchland 1996; Dennett 1991; McGinn 1991; Pigliucci 2013; Searle 2016; Internet Encyclopedia of Philosophy の項目「hard problem of consciousness」http://www.iep.utm.edu/hard-con; Scholarpedia の項目「hard problem of consciousness」http://www.scholarpedia.org/article/Hard_problem_of_consciousness.

14 Mayr 2004. この点に関する哲学的な見解は Daniel C. Dennett, "Facing Backwards on the Problem of Consciousness," November 10, 1995, https://ase.tufts.edu/cogstud/dennett/papers/chalmers.htm を参照。

15 イージー・プロブレムについての詳細：Chalmers 1995a.

16 狭義の計算論的モデルや認知モデルは、生命が意識に果たす役割を適切に扱っていないため、うまくいかない。コンピューターと脳がどうちがうのかについてはSterling and Laughlin 2015を参照。現在の計算論的モデルや認知モデルに関する情報は Baars and McGovern 1996; Block 2007; Dehaene 2014; Dretske 1995; Gennaro 2011; Metzinger 2004; Milkowski 2013; Piccinini 2015; Velmans and Schneider 2008; Stanford

Encyclopedia of Philosophy の項目「consciousness」https://plato.stanford.edu/entries/consciousness; Stanford Encyclopedia of Philosophy の項目「computational theory of mind」https://plato .stanford.edu/entries/computational-mind を参照。

17 Searle 1992.

デカルトの神秘的（オカルト）な幽霊（ゴースト）の正体――訳者あとがきに代えて

「身体は損傷が激しすぎて、救えたのは脳だけ。
今の、あなたの体は義体なのよ。
それでも、あなたの魂は……『ゴースト』は、まだ残ってる」

これは、士郎正宗の漫画『攻殻機動隊』を原作とするハリウッド映画『ゴースト・イン・ザ・シェル』（二〇一七年公開）で、主人公に義体化（サイボーグ）を施した博士が、術後の主人公に語る台詞（セリフ）です。「ゴースト」は原作の漫画でもキーワードであり（「ゴースト・イン・ザ・シェル」は原作の英語タイトルそのもの）、「意識」「自我」そして「霊魂（たましい）」のニュアンスを込めて語られています（たとえば第一巻一七頁に「ゴースト（霊魂とでもいうべきか）」との欄外文がある）。この概念が直接的にはアーサー・ケストラーの『機械の中の幽霊（ザ・ゴースト・イン・ザ・マシーン）』（Koestler 1967）に由来していることはよく知られていますが、さらに遡るとイギリスの哲学者ギルバート・ライルが著した『心の概念』（Ryle 1949）に辿り着きます。

そもそも心を霊魂という神秘的で超自然的な存在と同一視するのは、古代ギリシア以来の西洋思想を支配してきた考え方です。プラトンは対話篇『パイドン』で「霊魂は死によって肉体から離れたあとも存在し続ける」と論じ、デカルトも『方法序説』(Descartes 1637)で「物質的実体＝身体」と「不死の心的実体＝精神＝霊魂」とを区別しました(実体二元論)。しかもデカルトは動物に霊魂を認めず、機械と同等だと言い放ったのです。そうは言っても、人間の身体もまた同じこと。デカルトの言い分は、まるで機械に幽霊(ゴースト)が宿っているとでも言うかのようだ——ライルはそう喝破しました。一方でライルは、行動主義心理学へのシンパシーを表明します。

行動主義心理学はアメリカの心理学者ジョン・ワトソンが創始した心理学の一分野であり、「心理学はもっぱら刺激と反応の関係性としての行動を対象とすべきで、心や意識を論じるべきではない」という立場を取ります。意識は魔術めいた霊魂の言い換えにすぎず、独断的な主観の記述(内観)に頼ってきたそれまでの心理学からの脱却が必要だとワトソンは言い募ったのです(Watson 1925/1930)。認知科学が発達する以前、脳波計測の技術すらまだ確立していなかった時代のことでした。それでも科学としての心理学をなんとか確立しなければならなかった当時の状況としては、そう割り切るしかなかったのかもしれません。ともかく行動主義心理学が描く世界からは、意識は霊魂もろとも消し去られることになりました。

一方、霊魂の存在を信じてきたのは西洋だけではありません。日本でも古来から「八百万(やおよろず)の神」として万物に神霊を認め(アニミズム)、先祖の霊(祖霊)を祀ってきました。現代でも霊魂が「ある・存在する」と考える人は約三五%、「あるかもしれない」と考える人が約四三%と、合計すると実に八〇％近くの人々が霊魂の存在に肯定的な立場をとっています（吉野諒三・二階堂晃祐、二〇一一年、八二頁）。士郎正宗もまた『攻殻機動隊』の欄外文で、「僕はあらゆる森羅万象にゴーストはあると考える（マニトウや神道の考え方、多神教）」（第一巻三七頁）と記しています。

こうした「日本的」でアニミズム的な霊魂に対する捉え方は、人間にしか霊魂を認めないデカルトの捉え方とはある意味で真逆ではありますが、霊魂の存在自体を認めるという立場は同じです。ここで注意すべき点は、「万物に霊魂を認める」ことと「万物に心や意識を認める」ことが同じだと安易に捉える危険性です。

自然科学は基本的に、超自然的な霊魂の存在を認めていません。これは「超自然」の語義からも明らかでしょう。もし霊魂と呼ばれる何かが他の物理的実体と相互作用するのであれば、そこには（物質や力、その相互作用といった）物理的実体があるはずです。逆に霊魂が自然界と相互作用しないのならば、つまり超自然的な存在ならば、信仰の対象にはなるとしても自然科学の対象とはなりません。ひるがえって、意識や心、主観的経験は自然界との相互作用がある、つまり自然科学の対象となるように思えます。意識が世界を（主観的に）認識するためには、少なくとも世界から意識への作用が必要になるからです（そして後述するように、意識から世界への作用すなわち因果効力もありそうです）。つまり、動物を含めた森羅万象に霊魂があると信仰することと、動物の意識を科学的に議論することは、ひとまず区別すべきなのです。

意識とは、心とは、何なのでしょうか？
そんなものは科学の範疇ではないと、安易に切り捨てられるのでしょうか？
科学の手の届かない、神秘の存在だと認めてしまえば良いのでしょうか？

本書はそんな「意識の神秘」を科学的に解明しようと試みた、Todd E. Feinberg and Jon M. Mallatt (2018) *Consciousness Demystified*. MIT Press の全訳です。

前著『意識の進化的起源』（Feinberg and Mallatt 2016）で著者らは、数多くの資料をもとに意識の進化の解明に取り組み、「意識は生物進化の過程で生じた特殊な神経現象である」と結論しました。倉谷滋博士からいただいた前著の帯文「幽霊（ゴースト）も進化の産物!?」は、著者らの論旨を汲み取りながら、意識＝幽霊にかかわる歴史的背景を遊び心とともに炙りだす、見事なキャッチコピーだったと言えます（邦訳の出版は、ちょうど映画『ゴースト・イン・ザ・シェル』の公開直後でした）。

多岐の分野にわたる膨大なデータをつまびらかにしながら議論を進める前著のスタイルは、大きな説得力を与える一方で、少なからぬ読者を威圧し、圧倒してしまうきらいもありました。本書では専門用語をできる限り排し、「意識とは何か」に焦点を絞って議論を進めていきます。それに合わせ、訳文もなるべく平易な文体を心がけました。正確さは犠牲にしないよう努めましたが、一部の哲学用語などはわかりやすさを優先して定訳を避けた場合もあります。また原著にはカラー図版が一〇点ありますが、すべて本文にモノクロで（原著では重複して）掲載されています。情報としてはモノクロ図版で十分に伝わるだろうとの判断と、紙面の都合上、本訳書でのカラー図版の収録は見送ることになりました。あわせてご寛恕いただければ幸いです。

著者らの主張は、ジョン・サールが提唱した生物学的自然主義を発展させたものです。生物学的自然主義では、「意識は生物学的な現象として自然科学の枠組みの中で捉えられる」のだとされます。つまり人間や動物はただの機械ではなく、生物という一風変わった存在である一方で、意識は神経生物学的なプロセスから生じる実在の現象であり、超自然的な霊魂や生命力は意識の実現に必要ないと考えるのです。

意識の実在を科学的に擁護する一方で霊魂の存在を認めない生物学的自然主義のアプローチは、剣の刃のような稜線づたいに峻峰を登るようなものです。右手には幽霊が神秘世界に引きずり込もうと待ち構えている一方で、左手には空虚な暗闇が崖下に広がっています。意識の科学的理解という山頂に辿り着くためには、どちらの崖にも転がり落ちないよう気をつけながら歩を進めねばなりません。

著者らはサールより一歩踏み込んで、意識には意識だけに固有の神経生物学的特性があると主張します（図8・1を参照）。とりわけ感覚情報を地図として脳内表象（たとえば視覚地図や触覚地図）する神経回路や、感情価（用語集を参照）を符号化（エンコード）する神経回路が重要です。前者は心的イメージと外受容意識、後者は情感意識の生成を担います。さらに両者の特徴を備える、中間的な内受容意識もあります。これら三つの意識ドメインが統合されつつ、注意や記憶の神経メカニズムなどが組み合わさることで、脊椎動物の意識が生まれます。また節足動物や頭足類（イカ・タコ類）にも同じような（地図として脳内表象をしたり、感情価を符号化したりする）神経回路や、情感の存在を示す行動が見られるので、こうした動物も意識を備えていると著者らは論じます。詳細は本文をご覧いただきたいところですが、本書を読んで「議論が物足りない、もっと詳しい情報を知りたい」と感じる読者諸氏は、ぜひ前著も手にとっていただければと思います。逆に、すでに前著を読破した諸賢にとっては既視感を覚える記述が多いかもしれません。しかし本書では前著の出版以降に報告された科学的知見が追加されるとともに、特に情感にかかわる神経回路がより詳しく議論されているので、その点ではお楽しみいただけるのではないでしょうか。

　ここで著者らの主張を「幽霊」の文脈に落とし込んでみると、次のように考えられるかもしれません。ヴィラヤヌル・ラマチャンドランは『脳のなかの幽霊（ファントムズ・イン・ザ・ブレイン）』（Ramachandran and Blakeslee 1998）で、幻肢について論じました。事故や病気で手や足を失ったあとでも、失ったその手足がまだあるかのように感じる現象です。その原因は触覚地図（体性感覚地図）の再配線にあり、元の手足の触覚を感じる脳領域がほかの部位の触覚を感じるようになったことをラマチャンドランは明らかにしました。たとえば本来は右手の触覚を担っていた脳領域が右頬の触覚を感じるように再配線されると、右頬に触れたとき（右頬が触れられている感覚と同時に）失われたはずの右手にも（まだ右手が残っているかのように）触れられたような感覚が生じます。こうした症例をもとにラマチャンドランは、意識とは脳のなかに生じる幻影（ファントム）のようなものだと提唱したのです。トール・ノーレットランダーシュも『ユーザーイリュージョン』（Nørretranders 1991）で、「自分自身の使用者（ユーザー）」としての自己が見る錯覚（イリュージョン）が意識なのだと主張しています。たしかに本書でも、心的イメージは外界や身体を脳内に（幻影や錯覚のように）再現したシミュレーション像（イメージ）であると述べられています（第2章）。しかしそれはデカルトの言うような神秘的で摑みどころのない幽霊などではなく、環境との相互関係のなかで因果効力を備えた神経現象なのです。工学的な表現をすれば、「私的（パーソナル）な価値づけと全身の状態制御を担うシステム（情感系）や、記録装置（記憶系）と連動し、個体のふるまい（行動）を制御する、外界や身体の内部モデル（脳内モデル）」が意識なのかもしれません。

「生命を基盤とした神経系の高次現象として意識が現れる」という著者らの発想は、『機械の中の幽霊』でケストラーが提唱した「ホロン」（階層のなかで、高次段階の一部をなしつつ、低次段階をまとめあげる全体としての構造をもつ要素）の概念と似ています。意識はホロンの典型例です。「世界はすべて物理現象で成り立っているのだから、物理学ですべて説明できるはずで、それを目指すべきだ」という「物理帝国主義」への警鐘として、ケストラーはホロン概念を提唱しました。すべてを低次段階に分解していくのではなく、多層的な階層構造のなかで、各段階は上下の段階に果たす両面的（ヤヌス的）な役割があると言いたかったのです。しかしケストラーの議論は残念なことに、科学的には当時あまり顧みられることなく、もっぱらオカルト的なニューエイジやニューサイエンスの文脈に回収されてしまいました。

しかし現代では、極端な物理帝国主義は見直されつつあります（「世界はすべて物理現象で成り立っている」ことが正しいとしても、必ずしも「物理学ですべて説明できるはずで、それを目指すべきだ」とは言えない）。生命に階層性があることは明白です。着目する生命現象に対して、低次段階にだけ目を向けるのではなく、高次段階から見たはたらき、現象が生じる過程（メカニズム、発生過程、進化過程）といった、さまざまな側面から考えることで、はじめて十分な理解が得られるのです（アンティ・レヴォンスオ Revonsuo 2006 の「マルチレベルの説明」）。ケストラーのホロン概念は、こうした現代の考え方を先取りしたものだと言えるでしょう。

さらにケストラーは、ホロンの別の例として相同性も論じています（『機械の中の幽霊』第10章）。ヒトの手とコウモリの翼など、機能や一見した形はちがっても（進化的起源が同じことに起因して）器官や形質（特徴）の基本設計が共通していることを相同であると言い、その器官や形質を相同物と言います。進化の過程を通して、生命体がつくる階層のある段階（たとえば器官の段階）に現れ、子孫に引き継がれていくのが、ホロンとしての相同物なのです。奇しくも訳者は慶應義塾大学の田中泉吏博士（専門は生物学の哲学）とともに、相同性の概念を分析する論文のなかで「心的現象も相同性を議論できる」と論じた経緯があり（Suzuki and Tanaka 2017）、ケストラーも意識（という心的現象）と相同性とを同じ「ホロン」の俎上に載せて語っていたことにあとから気づいて驚きました。スピリチュアルな文脈から離れて、ケストラーの科学哲学が再評価されるべき時期が来ているのかもしれません。他方で、進化生物学的アプローチを採って意識の科学的理解という山頂を目指す私たちは、ケストラーと同じ轍を踏んで神秘世界の崖に落ちないよう、気をつけて進んで行かねばなりません。

訳者が原著の出版計画を知ったのは、前著の邦訳出版に関するやり取りをきっかけに、著者のひとりのジョン・M・マラットと折に触れて連絡を取るようになった頃のことです。実は当初の題は、「*Life, Evolution, and the Nature of Consciousness: A New Synthesis*」というものでした。直訳すると、「生命、進化、そして意識の本性（ほんせい）—新たな統合」です。「脳と心の生命史」という本訳書の副題は、ここから着想を得ました。原著者のふたりには今回も訳者の質問に丁寧に答えていただき、原著の誤りをいくつか修正できました。

本書の訳出にあたって、まず右にも挙げた田中泉吏博士には一年近くかけて細かく草稿をチェックしていただき、たくさんのアドバイスを頂戴しました。狩野祐人さん、白石大生さん、森吉蓉子さん、小山歩さんをはじめ、田中ゼミのゼミ生たちからも有益なコメントをいただきました。また太田紘史博士（新潟大学）、谷本昌志博士（基礎生物学研究所）、渡辺英治博士（基礎生物学研究所）にも原稿を通読いただき、ご助言を賜りました。また勁草書房の鈴木クニエさんには、企画進行に原稿チェックにと、担当編集として数々のお力添えをいただきました。本訳書が「わかりやすく、かつ、正確に」という（背反しがちな）目標を少しでも達成できたとすれば、皆さまのおかげです。深く感謝いたします。そして、日々の支えとなっている妻の舞に、心からの感謝を捧げます。

ここ数年、進化生物学的に意識に迫ろうという動きはどんどん勢いを増しています。意識を生命現象として捉えるならば、その進化過程を明らかにするアプローチが意識の科学的理解の重要な一角を担う——意識という未踏峰に挑戦するチームの一員となる——ことは間違いないでしょう。そして近いうちに、ほかのアプローチと連携しながら、この未踏峰に登頂できるのではないかと期待しています。本訳書がその歩みを進める一助となることを願ってやみません。

二〇二〇年一月　ストックホルムにて

鈴木大地

文献

Descartes, R. 1637. *Discours de la méthode pour bien conduire sa raison, et chercher la vérité dans les sciences.* Ian Maire, Leyden.〔デカルト 著、谷川多佳子 訳『方法序説』岩波書店（岩波文庫）、一九九七年〕

Feinberg, T. E., and J. Mallatt. 2016. *The Ancient Origins of Consciousness: How the Brain Created Experience.* Cambridge, MA: MIT Press.〔トッド・E・ファインバーグ、ジョン・M・マラット 著、鈴木大地 訳『意識の進化的起源—カンブリア爆発で心は生まれた』勁草書房、二〇一七年〕

Koestler, A. 1967. *The Ghost in the Machine.* New York: Macmillan.〔アーサー・ケストラー 著、日高敏隆、長野敬 訳『機械の中の幽霊』筑摩書房（ちくま学芸文庫）、一九九五年〕

Nørretranders, T. 1991. *Mærk Verden: En beretning om bevidsthed.* Copenhagen: Gyldendal.〔トール・ノーレットランダーシュ 著、柴田裕之 訳『ユーザーイリュージョン—意識という幻想』紀伊國屋書店、二〇〇二年〕

Revonsuo, A. 2006. *Inner presence: Consciousness as a Biological Phenomenon.* Cambridge: MIT Press.

Ryle, G. 1949. *The Concept of Mind.* London: Hutchinson.〔ギルバート・ライル 著、坂本百大、井上治子、服部裕幸 訳『心の概念』みすず書房、一九八七年〕

プラトン著、岩田靖夫訳『パイドン—魂の不死について』岩波書店（岩波文庫）、一九九八年。

Ramachandran, V. S., and S. Blakeslee. 1998. *Phantoms in the Brain: Probing the Mysteries of the Human Mind.* New York: William Morrow.〔V・S・ラマチャンドラン、サンドラ・ブレイクスリー著、山下篤子訳『脳のなかの幽霊』角川書店（角川文庫）、二〇一一年〕

士郎正宗『攻殻機動隊（1）』講談社（KCデラックス）、一九九一年。

Suzuki, D. G., and S. Tanaka 2017. A phenomenological and dynamic view of homology: homologs as persistently reproducible modules. *Biological Theory* 12:169-180.

Watson, J. B. 1925/1930. *Behaviorism* (revised edition). Chicago: University of Chicago Press.〔J・B・ワトソン著、安田一郎訳『行動主義の心理学』ちとせプレス、二〇一七年〕

吉野諒三、二階堂晃祐編（二〇一一年）「アジア・太平洋価値観国際比較調査—文化多様体の統計科学的解析—日本2010調査報告書」『統計数理研究所調査研究リポート』第一〇三号。

メフラシ *Aplysia*、ウミウシ類の *Pleurobranchaea*、巻貝の *Lymnaea* や *Helix* がいる。

■プラコード ⇒外胚葉プラコード

■無制約連合学習 刺激と報酬や罰とを連合する学習の発展形であり、そのため動物に情感があることを示す指標だと提唱されている（Bronfman, Ginsburg, and Jablonka 2016）。無制約連合学習には、新たな対象物の特徴のひとつだけではなく対象物の全体の報酬価を学習する能力と同時に、報酬を得るために（または罰を避けるために）必要な反応が複雑であっても各段階（ステップ）をすべて学習する能力、さらにはあとから何度も振り返りながら学習を継続する能力も含まれる。しかし無制約連合学習は非常に洗練されているので、本書で探究するもっともシンプルな情感意識よりも発展していることを表しているかもしれない。第4章を参照。

■モダリティ〔様相性〕、感覚モダリティ 視覚、聴覚、嗅覚、触覚といった感覚の種類（モード〔様相〕）。マルチモーダルな心的イメージは、複数の感覚から作られる。

■目的律 マイア（Mayr 2004）によれば、プログラム、とりわけ遺伝的プログラムに基づいた目標や方向性による目的指向のプロセス。目的律的システムは作動結果を予見するわけではない〔いわゆる目的論とは違う〕。むしろ最終結果の達成は、目的律的システムの作動の枠内にある。自然選択により目的律的な生物システムが作りだされるので、目的律と進化的→適応は密接に関連する概念である。目的律的プロセスは発生、生理学的現象、行動に顕著。第6章を参照。

■有爪動物 カギムシが構成する動物門。節足動物に近縁。図7・3を参照。

■連合学習 ふたつの刺激の、あるいは行動的反応と刺激との間の連合〔結びつき〕の学習。古典的条件づけと→オペラント条件づけの二種がある。第4章を参照。

■**反射**　刺激に対する不随意の神経反応。反射の作動には意識は不要。反射の例としては、膝蓋腱反射という膝を軽く叩くと思わず足が跳ね上がる反射が挙げられる。反射は睡眠時や昏睡時でも起こる。

■**反射弓**　反射の動作を引き起こす神経経路。反射弓には少なくとも感覚ニューロンと運動ニューロンがあるが、大概ひとつ以上の介在ニューロンをはさむ。図2・1B、図6・2を参照。

■**判断バイアステスト**　動物が情感を経験するかどうかを客観的に調べるテスト。報酬を与えたり与えなかったり、罰を与えたりしてふたつの刺激を区別するよう訓練した動物に、微妙な（ふたつの刺激の中間の）刺激を与える。微妙な刺激に対する動物の反応の速さと頻度が、この中間的な刺激をポジティブとネガティブのどちらとして動物が判断するのかを表す。たとえば、前もって何度も報酬を受けたあとですばやく反応するようになれば、ポジティブな情感を示していることになる。第5章と図5・3を参照。

■**被嚢類**　奇妙な特殊化を遂げた、脊椎動物の親戚。濾過摂餌のために拡張した咽頭領域と、特有の頑丈な覆い（被嚢）がある。なかでもとりわけ有名なのが、ホヤとサルパ。科学的には尾索動物という。その奇異さに反して、被嚢類はナメクジウオより脊椎動物に近縁だということが遺伝子配列から示唆されている。図3・5Aを参照。

■**部位局在地図**　神経系のふたつの部分の間の神経経路が、部位ごとに対応した空間配置をもって組織されること。→同型性とほぼ同じだが、触覚経路や視覚経路では空間的地図がきわめて明確に見られる点で同型性とは異なる。

■**複眼**（節足動物の）　個眼と呼ばれる多数の眼要素（ユニット）のくり返しによりできた凸状の眼。それぞれの個眼に自前のレンズと視細胞があり、個別の光受容器としてはたらく。すべての個眼からの合成により、ひとつの視野イメージを作る。複眼は脊椎動物や頭足類のカメラ眼より解像度は低いが動きの検知に優れ、きわめて広い視野を実現する。

■**腹足類**　巻貝〔カタツムリを含む〕、ナメクジ、カサガイ。無脊椎動物でもっとも多様化した分類群。本書で言及される腹足類には、ア

かま)、海綿動物がある。

■**特殊な神経生物学的特性**（意識の） 複雑な神経系に固有な特性で、一般的な生物学的特性に加わると、意識を生みだす。精緻な感覚器官、複雑な脳内での多数の感覚入力の合流、地図で表された心的イメージや情感状態を生みだす神経階層など（完全なリストは、表6・3を参照)。神経生物学的自然主義の理論では、カンブリア紀での特殊な神経生物学的特性の進化が、反射と中核脳（コア・ブレイン）から意識への移行の目印となる。

■**内受容、内受容意識** 体内とくに内臓から到来する刺激を感知すること、またそれとともに意識をともなって刺激に「気づく」こと。たとえば満腹感や、膀胱がいっぱいになる感覚〔≒尿意〕、吐き気、喉の痛み。外受容意識と情感意識とともに、基本的な三種類の意識のひとつ。地図で表された心的イメージを備えているが、容易に情感を引き起こすため、前者ふたつの中間に位置する。飢え、渇き、疲労などの状態も含む。肌の痛み、かゆみ、くすぐったさの感覚を内受容的「気づき」に数える分類もある。第2章を参照。

■**内臓、内臓器官** 身体内部、とくに胸腔（肺、心臓、食道)、腹腔（肝臓、胃腸、膵臓、腎臓、脾臓)、骨盤腔（膀胱、子宮、卵巣、膣、直腸）の中にある器官。

■**ナメクジウオ** 脊椎動物に近しい、魚の姿をした無脊椎動物。ナメクジウオは頭足類に属し、もっとも脊椎動物の祖先に似た無脊椎動物だと考えられている。図3・5Cを参照。

■**ニューロン** 神経細胞。図2・1を参照。

■**脳幹** 脊椎動物の低次脳のうち連続した三部分（延髄、橋、中脳）で、高次の脳構造と脊髄とをつなぐ。図4・1を参照。

■**ハード・プロブレム**（意識の） 主観的経験のあらゆる側面について、なぜ主観的経験が存在するのかについてさえ脳の物理的性質や機能に基づいて説明するのは難しいということを指す、哲学者のデイヴィッド・チャーマーズの用語。レヴァインの→説明のギャップに関連。第8章を参照。

ターン生成器は、呼吸、移動運動（ロコモーション）、摂餌といった反復的な動きなど大半の運動プログラムや運動パターンの基盤である。ヒトにも脳幹や前脳基底部に多くの中枢パターン生成器がある（呼吸中枢、嚥下中枢、心拍を調整する中枢など）。

■**適応**　自然選択により進化した、生物にみられる目的指向の機能（または目的に合った構造）。第6章を参照。

■**統一性**（意識の）　⇒心的統一性

■**投影性**　→参照性の一側面。遠距離感覚からの刺激が、体表で受容されるのに外界にあるように経験あるいは「参照」されるプロセス。投影性の一例として、網膜で受容された光刺激が、眼から遠く離れたところ、つまり光源から由来したかのように経験することが挙げられる。

■**同型性、同型的表象**　身体の感覚受容野や外界の各点ごとの「地図」に従って組織された神経表象（たとえば視覚の網膜部位局在性、触覚の体部位局在性、聴覚の周波数局在性）、また非空間的に組織された化学部位局在的表象（嗅覚）。図2・2と→部位局在地図を参照。

■**頭足類**　もっとも活動的な軟体動物である。今日（こんにち）のイカ、コウイカ、タコ、オウムガイ。頭足類の絶滅群はカンブリア紀までさかのぼり、触手や大きな眼を備え、ジェット推進により移動運動（ロコモーション）した。第5章参照。

■**同期的（振動）**　同期的振動の理論によれば、意識では別々の脳領域のニューロンが、発火パターンの時間的一致により双方向的に「結合」して一体となっている。こうした神経伝達を通して、ひとつの対象物に対し別々の特性を司る隔たった脳領域が意識のなかで統一されることが可能となる。また、さまざまな感覚を統一されたイメージへと結びつけるとも考えられている。第6章を参照。

■**動物門**　同じ基本的体制（ボディプラン）を共有する生物の類縁群。約35動物門が現存。主な動物群には、脊索動物（脊椎動物、ナメクジウオ、被嚢類）、節足動物、軟体動物、環形動物、線形動物、扁形動物、棘皮動物（ヒトデ、ウニ、ウミユリ、ナマコ）、刺胞動物（クラゲとその

■**双方向的な（反回性の、再帰的な）神経伝達**　ニューロン間、脳領域間、神経階層の段階間で行き来する神経伝達。フィードバックやフィードフォワードの要素をともなう相互連絡（クロス・トーク）。

■**大域的（グローバル）**　世界全体、システム全体、身体全体を指す語。本書ではほぼ「全身」の意味で使われている。

■**大域的オペラント条件づけ / 学習**　全身がかかわる、新奇行動の学習（第4章）。→オペラント条件づけも参照。

■**体部位局在地図**　身体の各領域とくに身体の外面の位置特異的な、中枢神経系内の地図。触覚を担う。図2・2、→同型性を参照。

■**大脳基底核**　脊椎動物の前脳の基部にある一領域で、尾状核、被殻、さらに淡蒼球、側坐核からなる。図4・1、図4・2を参照。大脳基底核はさまざまな運動プログラムから、どの行動上の動作を司令するか決める。「前運動」機能があるだけでなく、報酬や動機（側坐核）にもかかわる。

■**大脳皮質**　大脳皮質は哺乳類の前脳の頂端（吻部）にあり、最高次の脳機能を遂行する。哺乳類大脳の外側部、灰白色の層。ほかの脊椎動物の背側外套に相当。つまりほかのどの脊椎動物にも大脳（と背側外套）があるが、大脳皮質として拡張してはいない。図3・1、図3・2を参照。

■**他－存在論的還元不可能性**　⇒自－・他－存在論的還元不可能性。

■**注意（選択的注意）**　重要な刺激に焦点を絞り、重要でない刺激を除去し、ある重要な刺激から次の重要な刺激に焦点を移すこと。

■**中核脳（コア・ブレイン）**　意識の前段階の原始的な脳領域、とくに脊椎動物の脳幹と間脳。Lacalli 2008と図6・4を参照。

■**中枢神経系**（central nervous system, CNS）　脳と脊髄。身体中を走り、中枢神経系に接続する神経とは異なる。こちらは末梢神経系に区分される。

■**中枢パターン生成器**（central pattern generator, CPG）　リズミカルでパターン化された出力を作りだすニューロンのネットワーク。感覚入力はリズムを変更しうるが、リズムの原因とはならない。中枢パ

■心的因果　思考や「感じ」〔気持ち〕といった個人の心的できごとが、自身の脳や身体を含む物理世界に効果を与える能力。

■心的統一性　多様化し区分可能な脳が、統一されたひとつの「気づき」の場を主観的に経験する能力。説明のギャップのひとつであり、意識についての神経存在論的な主観的特性のひとつ。表2・1を参照。

■生物学的自然主義　意識は実在し、さらに完全に神経生物学に基づいているというジョン・サールの理論。第1章を参照。

■脊椎動物　脊柱（背骨）のある動物のグループ。魚類、両生類、爬虫類、鳥類、哺乳類が含まれる。

■節足動物　昆虫、甲殻類（カニ、エビ、フジツボなど）、クモとそのなかま（サソリ、カブトガニなど）、多足類（ヤスデ、ムカデとそのなかま）から構成される、足に関節がある動物からなる大きな動物門。三葉虫やそのほかの絶滅節足動物が図7・3に描かれている。

■説明のギャップ　哲学者のジョゼフ・レヴァインの造語で、主観的経験を脳機能で完全に説明したり、脳機能に同一視したり、還元したりすることを指す。

■前口動物　左右相称動物で最大の動物群。ヒトやそのほか脊椎動物は含まれない無脊椎動物。節足動物、線形動物（センチュウ）、軟体動物、環形動物、扁形動物（ヒラムシ）を主として何十もの動物門が属する。もともと、胚に最初に開く穴が大半の種で口になる（原語 proto-stome ＝「最初の口」）。遺伝子分析により、実際に概ねが自然分類群〔人為的な分類群ではなく、ひとつの進化的系統としてまとまる分類群〕であることが確かめられている。小さな動物門をいくつか除けば、あらゆる左右相称動物は前口動物か→後口動物のどちらかである。第5章と図7・5を参照。

■センチュウ　線形動物に属す蠕虫類。302個しかニューロンがなく、シンプルな神経系の研究に用いられる *Caenorhabditis elegans*（*C. elegans*）など。

■前脳　脊椎動物では、前脳は終脳と間脳を指し（図4・1、図3・1）、大脳や視床を含む。

■**神経修飾物質**　ニューロンから放出され、ほかの複数のニューロンに影響を与える化学物質。単一のニューロンに影響を与える→神経伝達物質と対照的。ドーパミン、セロトニン、ノルエピネフリンなど。神経修飾物質はしばしば情感的「感じ」〔気持ち〕と結びつく。

■**神経節**　一部の無脊椎動物では、神経節とは中枢神経系を作る主要神経索に沿ってニューロンや神経突起が集まり大きくなった塊を指す。こうした無脊椎動物の頭部で、神経節が拡大して脳を作ることもある。節足動物や軟体動物頭足類の神経節性脳〔ganglionic brain〕がこれに当てはまる。対照的に脊椎動物では、神経節は脳構造ではなく、中枢神経系から離れた末梢神経系の神経上で見られるニューロンの細胞体の集まりを指す。脊椎動物の→大脳基底核〔basal ganglia、gangliaは神経節 ganglion の複数形〕は脳内にあるので、誤った命名である。ganglion はギリシア語で「縄の結び目」あるいは「腱の腫瘍」を意味する。

■**神経堤**　脊椎動物にのみ見られる胚組織。神経堤細胞は、ほぼすべての感覚ニューロンのみならず、ほかの多種多様な構造（顔面骨格、色素細胞、歯の象牙質、副腎髄質など）にもなる。図3・7を参照。

■**神経伝達物質**　ニューロンから放出され、シナプスを介して次のニューロンに影響を与える化学物質。アセチルコリン、グルタミン酸、γ－アミノ酪酸（GABA）、グリシンなど。

■**身体化**　身体を有することであり、生物であることの鍵となる部分。境界があることも意味する。たとえば外的環境から生物内部を隔てる、細胞膜や皮膚。

■**心的イメージ、イメージに基づく意識**　意識にかかわる、地図で表されたシミュレーション。本書では、参照され、統一された、因果を生む、質的な心的表象を指して心的イメージという語を使う。あらゆる外受容イメージはなんらかの感覚地図のなかにある。内臓の内受容イメージ（胃の痛み）も含まれる。心的イメージはヒトの「心象〔imagery〕」「想像〔imagining〕」「空想〔imagination〕」とは関係がない。図2・4を参照。

け大きい。

■主観、主観性　意識を備える存在にある、一人称視点の、各自の価値づけや経験。客観的の反対。

■受容器、感覚受容器　刺激を受容し、電気的シグナルに変換する、感覚ニューロンの終末（あるいは感覚ニューロンに支配される特殊な細胞）。変換された電気的シグナルは感覚ニューロンに沿って〔脳まで〕伝わる。接触などの物理的力に反応する受容器（機械受容器）もあれば、光に反応するもの（光受容器）、匂いや味に反応するもの（化学受容器）、損傷に反応するもの（侵害受容器）、電場に反応するもの（電気受容器）などがある。図2・1Bの「刺激」の矢印の末端を参照。

■馴化（じゅんか）〔馴れ〕（学習による）　単純な学習の一種。刺激が何度もくり返されると、この学習によって生物の刺激に対する反応が次第に弱くなる。

■情感、情感意識、情感状態　ポジティブ、ネガティブなどの感情価をともなう、質的な「感じ」〔気持ち〕の状態。情動も気分も情感。情感は、生物全体にかかわるという点で大域的（グローバル）。意識をともなう経験の主要カテゴリーのひとつであり、もうひとつが心的イメージ。

■侵害受容　有害な機械的・熱的・化学的刺激など、組織に損害や脅威を与える感覚刺激として定義される「侵害刺激」に対する特殊な受容体（侵害受容器）の反応。「触」覚の一種。侵害受容により反射、ひいては行動上の複雑な身体反応が引き起こされるが、必ずしも意識をともなう痛みは引き起こされない。→痛みを参照。

■新奇（特性）「新奇な」〔novel〕とは、「とりあえずは新しい」という意味の「新しい」〔new〕と対比して、かつてはまったく存在していないことを意味する。

■神経生物学的自然主義　本書そのほかで私たちが提唱する、サールの→生物学的自然主義を翻案した理論。神経生物学的自然主義では生命プロセスだけでなく、脳に進化した固有の神経生物学的特性に基づいて、意識と主観性を自然現象として説明できる（表6・3）。

経験されずに、外界、身体、自己のいずれかに常に参照される感覚処理や情感処理も含まれる。

■**視蓋**　大半の脊椎動物で中脳の天井部をつくる、あらゆる脊椎動物の視覚の情報処理の中枢（哺乳類では中枢機能が低下）。視蓋はほかの感覚も情報処理する（嗅覚以外）。魚類や両生類では脳内で比較的大きな部分を占め、これらの動物ではイメージに基づく意識の中心地になっていると考えられる。図３・1、図３・3、図３・4を参照。

■**視覚先行説**（意識の進化の）　カンブリア紀でのイメージ形成眼の進化が、最初期の節足動物と脊椎動物で作られる意識イメージを最初にもたらしたという見解。アンドリュー・パーカー（Parker 2009）、マイケル・トレストマン（Trestman 2013）、ファインバーグ＆マラット（Feinberg and Mallatt 2016a）が主張。

■**視床**　脊椎動物前脳の深部領域。感覚処理で主要な役割を果たす。神経系から到来する大半の感覚情報を受け取り、さらなる情報処理のためにその情報を大脳皮質や大脳外套に中継する。図２・3、図４・1を参照。

■**視床下部**　前脳の一部分。視床下部は脊椎動物の脳の主要な内臓制御中枢。情感の中枢でもある。図２・3、図４・1を参照。

■**システム〔系〕、複雑系**　多くの部分からなる複雑な要素（ユニット）。各部分の配置と相互作用が重要となる。

■**自－・他－存在論的還元不可能性**　自（オート）－存在論的還元不可能性とは、自己の主観的意識は、経験を生みだすニューロンを経験することも、「参照する」ことも、客観的に「気づく」ことも決してないという意味（「オート」は「自己」という意味）。他（アロ）－存在論的還元不可能性とは、外側の観測者は主観の意識経験へのアクセスがないという意味（「アロ」は「ほかの［人］」という意味）。ともに主観性を説明する鍵となる。図８・2を参照。

■**シナプス**　ふたつのニューロン（神経細胞）の間で神経伝達をする接合部。図２・1Bを参照。

■**終脳**　脊椎動物の脳の先端にある、大きな部分。大脳半球がとりわ

恒常性(ホメオスタシス)をおもに司り、内受容器によって引き起こされる。渇き、飢え、空気飢餓〔息苦しさ〕、塩分要求など。Denton 2006 を参照。

■後口動物　左右相称動物のうち、前口動物と対をなすふたつめの動物群。後口動物は脊椎動物のほか、いくつかの無脊椎動物で構成される。すなわちナメクジウオ、被嚢類〔ホヤ類〕、棘皮動物（ウニ、ヒトデ、タコノマクラ、ウミユリ、ナマコ)、そしてギボシムシのなかま。科学者たちはもともと、胚に最初に形成される開口部が大半の種で肛門になる〔あとからふたつめの開口部が形成され、口となる〕ことをもって後口動物を認識していたが、今日(こんにち)では遺伝子分析により後口動物は実際に自然分類群〔人為的な分類群ではなく、ひとつの進化的系統としてまとまる分類群〕であることが確かめられている。図7・5を参照。

■構成的階層　構成的階層では、高次段階は低次段階の要素で物理的に構成される。たとえば個人は器官から作られ、器官は組織から作られ、組織は細胞から作られ……など。図6・1を参照。

■恒常性(ホメオスタシス)　擾乱や脅威に晒されても身体を一定の理想的な内的状態に維持する調整プロセス（「ホメオ」=「一定の」、「スタシス」=「立ち位置、状態」)。

■固有感覚　身体の関節、筋肉、腱、皮膚がどのくらい動きとともに伸びたのかを感知すること。それにより固有感覚は、身体が空間内でどう動いているのか、どのような姿勢かを常に脳に伝える。平衡感覚と関係があり、意識をともなう場合とともなわない場合がある。原語の proprioception は「自分自身［の動き］を感じること」の意。

■左右相称動物　身体に右側と左側があり、およそ鏡写しになっている動物で、前端に口、後端に肛門があり、前後に腸が伸びる。左右相称動物には、カイメン、クラゲとそのなかま、クシクラゲ（有櫛動物)、そして平板動物と呼ばれる、あまり知られていない平(ひら)たい小動物以外の多細胞動物などがいる。

■参照性　主観的経験が脳の外へ「心的に投射」されるという意識の特性。→投影性や→遠距離感覚のほか、脳内にあるようには主観的に

■感情価〔誘発性 valence〕 刺激、対象物、できごとに対する、ポジティブ（良い）かネガティブ（悪い）かの主観的な値。→情感意識の基盤。

■感情価ニューロン　ポジティブかネガティブかの値のシグナルを符号化（エンコード）するニューロン。報酬刺激あるいは罰刺激にのみ電気的に反応することをもって感情価ニューロンを科学的に見つける。

■感覚受容器　⇒受容器

■カンブリア紀　5 億 4100 万年から 4 億 8500 万年前までの、地球史の一期間。（先カンブリア時代の末の）エディアカラ紀の後、オルドビス紀の前。

■カンブリア爆発　カンブリア紀（5 億 4100 万年から 4 億 8500 万年前まで）に起こった動物の急速な多様化。この多様化の大半はカンブリア紀の前半、5 億 4100 万年から 4 億 1800 万年前に起こった。第 7 章を参照。

■間脳　脊椎動物の前脳の一部分で、中脳と終脳つまり大脳との間にある。おもには視床と視床下部という部分からなる。図 3・1、図 4・1 を参照。

■客観、客観性　個人の思惑とは独立して（往々にして測定により）万人に確認できること。心の外側の存在。どんな「第三者」にも観測できる。→主観的の反対。

■クオリア（単数形はクワーレ）　経験される「質」、あるいは物事をどう「感じる」かを表す哲学用語。恐怖、バラの香り、あるいは「真ん中のド」の音の主観的な「感じ」〔気持ち〕がクオリアの例。

■原意識〔一次意識 primary consciousness〕 外受容・内受容・情感経験をはじめとする主観的経験を有するための基本的能力。原意識は、意識をともなう心的イメージ、情感、「〜であるとはこんな感じだ、という何か」（Nagel 1974）を何であれ有する能力も含む。熟慮的意識ではなく、高次意識や自己意識でもない。

■現象的意識　⇒原意識

■原初の情動　生物の生存にもっとも密接にかかわる情動。体内の

覚。視覚、聴覚、嗅覚など。皮膚の触覚は入れても良いし、入れなくても良い。遠くから到来する風を感じるのは遠距離感覚であろうが、近くの物体を肌で直接触れて感じるのは遠距離感覚ではないかもしれない。舌の上での味覚や体内の感覚、固有感覚は遠距離感覚には入らない。

■オペラント条件づけ / 学習　経験に基づいて、報酬となる刺激に近づいたり、罰となる刺激を避けたりするようになる学習。第4章を参照。

■外受容、外受容意識　外界から到来する刺激（光、音、触感など）を感知すること、またこういった刺激を、地図で表された心的イメージとして主観的に経験すること。外受容が意識の原型だと考える研究者もいる。

■階　層（ヒエラルキー）　低次から高次まで階層が段階的に連続するように構成部分が配置されて組織されたシステム。

■外套（がいとう）　脊椎動物の大脳の一部分。4つの下位区分（サブパート）からなる。背側外套は哺乳類でいう大脳皮質で、外側外套は嗅覚入力を情報処理し、内側外套は記憶の形成・想起を担う海馬にあたり、腹側外套は情動と恐怖の中枢である扁桃体の一部をなす。図4・1を参照。

■外胚葉プラコード　すべての脊椎動物に見られる、胚の表面の細胞の集合体で、重要な脊椎動物的特性へと発生する。すなわち眼のレンズ、嗅覚受容体、頭部の感覚ニューロンの一部、下垂体前葉である。図3・7を参照。

■化学受容器　⇒受容器

■カメラ眼　焦点を合わせ、視覚世界の詳細なイメージを網膜上で形成するレンズひとつを備えた眼。脊椎動物と頭足類にそのような眼がある一方で、節足動物は代わりに複眼でイメージを形成する。
→複眼（節足動物の）を参照。

■感覚意識　⇒原意識

■感覚記憶　ごく短期の、感覚受容の記憶。これにより、瞬間瞬間が連続した感覚経験が可能となる（第6章で記述）。

用語集

⇒：別項目に移動せよ
→：別項目も参照せよ

■意識についての神経存在論的な主観的特性（neuro-ontologically subjective feature of consciousness, NSFC）　意識の4つの特性。主観をともなう。説明のギャップにも該当。参照性、心的統一性、心的因果、クオリア。表2・1を参照。
■意識の神経相関（neural correlate of consciousness, NCC）　デイヴィッド・チャーマーズ（Chalmers 2000）によれば、意識が生じるのに十分な最低限の神経構造あるいは神経状態の集合。こうした意識の神経相関を見つけ、検証を重ねることで意識経験の神経基盤が理解できると期待して、これを探し求めている研究者も多い。サーシャ・フィンク（Fink 2016）は、この概念によって候補の神経相関が本当〔に意識に相関する〕かどうか検証しやすくなるという点を強調し、〔最低限ではなく〕単に十分な、意識に必要な神経特性の集合として意識の神経相関を定義している。意識の神経相関は本書の→意識の特殊な神経生物学的特性と関係する。
■痛み　意識をともなって侵害刺激や不快な情感経験を経験すること。第4章を参照。
■イメージ　⇒心的イメージ
■一般的な（生物学的）特性　生命と非生命を分ける、生物の特性。意識を生みだすのに必要だが、十分ではない。生命そのもの、身体化、システムとプロセス、階層的機能、目的律、適応など。表6・1を参照。
■鋭敏化（学習による）　単純な学習の一種。刺激が何度もくり返されると、この学習によって生物の刺激に対する反応が次第に強くなる。→馴化の反対。
■遠距離感覚　はるか遠くから到来するシグナルを感知する外受容感

Van Gulick, R. 2001. Reduction, emergence and other recent options on the mind-body problem: A philosophical overview. *Journal of Consciousness Studies* 8:1–34.

Van Swinderen, B., and R. Andretic. 2011. Dopamine in Drosophila: setting arousal thresholds in a miniature brain. *Proceedings of the Royal Society B: Biological Sciences*, rspb2010.2564.

Velmans, M., and S. Schneider, eds. 2008. *The Blackwell Companion to Consciousness*. Hoboken, NJ: John Wiley & Sons.

Verkhratsky, A., and V. Parpura. 2014. *Introduction to Neuroglia: Colloquium Series on Neuroglia in Biology and Medicine: From Physiology to Disease*. San Rafael, CA: Morgan & Claypool Life Sciences.

Verschure, P. F. 2016. Synthetic consciousness: The distributed adaptive control perspective. *Philosophical Transactions of the Royal Society B: Biological Sciences* 371(1701): 20150448.

Vierck, C. J., B. L. Whitsel, O. V. Favorov, A. W. Brown, and M. Tommerdahl. 2013. Role of primary somatosensory cortex in the coding of pain. *Pain* 154(3): 334–344.

Vopalensky, P., J. Pergner, M. Liegertova, E. Benito-Gutierrez, D. Arendt, and Z. Kozmik. 2012. Molecular analysis of the amphioxus frontal eye unravels the evolutionary origin of the retina and pigment cells of the vertebrate eye. *Proceedings of the National Academy of Sciences of the United States of America* 109(38): 15383–15388.

Waddell, S. 2013. Reinforcement signalling in *Drosophila*: Dopamine does it all after all. *Current Opinion in Neurobiology* 23(3): 324–329.

Walter, S., and H.-D. Heckmann, eds. 2003. *Physicalism and Mental Causation*. Exeter: Imprint Academic.

Wilczynski, W., and R. G. Northcutt. 1983. Connections of the bullfrog striatum: Afferent organization. *Journal of Comparative Neurology* 214(3): 321–332.

Woodruff, M. L. 2017. Consciousness in teleosts: There is something it feels like to be a fish. *Animal Sentience: An Interdisciplinary Journal on Animal Feeling* 2(13): 1.

Wullimann, M. F., and P. Vernier. 2009. Evolution of the brain in fishes. In *Encyclopedia of Neurosciences*, ed. M. D. Binder, N. Hirokawa, and U. Windhorst, 1318–1326. Berlin: Springer.

Yoshinaga, S., and K. Nakajima. 2017. A crossroad of neuronal diversity to build circuitry. *Science* 356(6336): 376–377.

Zeisel, A., A. B. Muñoz-Manchado, S. Codeluppi, P. Lönnerberg, G. La Manno, A. Juréus, *et al*. 2015. Cell types in the mouse cortex and hippocampus revealed by single-cell RNA-seq. *Science* 347(6226): 1138–1142.

Zeman, A. 2001. Consciousness. *Brain* 124:1263–1289.

Zieger, M. V., and V. B. Meyer-Rochow. 2008. Understanding the cephalic eyes of pulmonate gastropods: A review. *American Malacological Bulletin* 26(1–2): 47–66.

Søvik, E., C. J. Perry, and A. B. Barron. 2015. Insect Reward Systems: Comparing flies and bees. *Advances in Insect Physiology* 48: 189–226.

Stein, B. E., and M. A. Meredith. 1993. *The Merging of the Senses*. Cambridge, MA: MIT Press.

Stephan, C., A. Wilkinson, and L. Huber. 2012. Have we met before? Pigeons recognise familiar human faces. *Avian Biology Research* 5(2): 75–80.

Sterling, P., and S. Laughlin. 2015. *Principles of Neural Design*. Cambridge, MA: MIT Press.

Stevenson, P. A., and K. Schildberger. 2013. Mechanisms of experience dependent control of aggression in crickets. *Current Opinion in Neurobiology* 23(3): 318–323.

Strausfeld, N. J. 2013. *Arthropod Brains: Evolution, Functional Elegance, and Historical Significance*. Cambridge, MA: Harvard University Press.

Suryanarayana, S. M., B. Robertson, P. Wallén, and S. Grillner. 2017. The lamprey pallium provides a blueprint of the mammalian layered cortex. *Current Biology* 27(21): 3264–3277.

Swink, W. D. 2003. Host selection and lethality of attacks by sea lampreys (*Petromyzon marinus*) in laboratory studies. *Journal of Great Lakes Research* 29: 307–319.

Tashiro, T., A. Ishida, M. Hori, M. Igisu, M. Koike, P. Méjean, *et al.* 2017. Early trace of life from 3.95 Ga sedimentary rocks in Labrador, Canada. *Nature* 549(7673): 516–518.

Temizer, I., J. C. Donovan, H. Baier, and J. L. Semmelhack. 2015. A visual pathway for looming-evoked escape in larval zebrafish. *Current Biology* 25(14): 1823–1834.

Thompson, E. 2007. *Mind in Life: Biology, Phenomenology, and the Sciences of Mind*. Cambridge, MA: Harvard University Press.

Tomina, Y., and M. Takahata. 2010. A behavioral analysis of force-controlled operant tasks in American lobster. *Physiology and Behavior* 101(1): 108–116.

Tonoki, A., and R. L. Davis. 2015. Aging impairs protein-synthesis-dependent long-term memory in *Drosophila*. *Journal of Neuroscience* 35(3): 1173–1180.

Tononi, G. 2011. The integrated information theory of consciousness: An updated account. *Archives Italiennes de Biologie* 150(2–3): 56–90.

Tononi, G., and C. Koch . 2015. Consciousness: Here, there, and everywhere? *Philosophical Transactions of the Royal Society B: Biological Sciences* 370(1668): 1–18.

Trestman, M. 2013. The Cambrian explosion and the origins of embodied cognition. *Biological Theory* 8(1): 80–92.

Tsubouchi, A., T. Yano, T. K. Yokoyama, C. Murtin, H. Otsuna, and K. Ito. 2017. Topological and modality-specific representation of somatosensory information in the fly brain. *Science* 358(6363): 615–623.

Tsuchiya, N., and J. van Boxtel. 2013. Introduction to research topic: Attention and consciousness in different senses. *Frontiers in Psychology* 4.

Tye, M. 2000. *Consciousness, Color, and Content*. Cambridge, MA: MIT Press.

Tye, M. 2016. Are insects sentient? *Animal Sentience: An Interdisciplinary Journal on Animal Feeling* 1(9): 5.

Underwood, E. 2015. The brain's identity crisis. *Science* 349(6248): 575–577.

Searle, J. R. 2007. Dualism revisited. *Journal of Physiology* 101(4): 169–178.

Searle, J. R. 2008. Neurobiological naturalism. In *The Blackwell Companion to Consciousness*, ed. M. Velmans and S. Schneider, 325–334. Hoboken, NJ: John Wiley & Sons.

Searle, J. R. 2016. Foreword: Addressing the hard problem of consciousness. In *Biophysics of Consciousness: A Foundational Approach*, ed. R. R. Poznanski, J. Tuszynski, and T. E. Feinberg. London: World Scientific.

Sellars, W. 1963. *Science, Perception and Reality*. London: Routledge and Kegan Paul.

Sellars, W. 1965. The identity approach to the mind-body problem. *Review of Metaphysics* 18(3): 430–451.

Selverston, A. I. 2010. Invertebrate central pattern generator circuits. *Philosophical Transactions of the Royal Society B: Biological Sciences* 365(1551): 2329–2345.

Seth, A. K. 2009a. Explanatory correlates of consciousness: Theoretical and computational challenges. *Cognitive Computation* 1(1): 50–63.

Seth, A. K. 2009b. Functions of consciousness. In *Elsevier Encyclopedia of Consciousness*, ed. W. P. Banks, 279–293. San Francisco: Elsevier.

Seth, A. K. 2013. Interoceptive inference, emotion, and the embodied self. *Trends in Cognitive Sciences* 17(11): 565–573.

Seth, A. K., B. J. Baars, and D. B. Edelman. 2005. Criteria for consciousness in humans and other mammals. *Consciousness and Cognition* 14(1): 119–139.

Shanahan, M. 2016. Consciousness as integrated perception, motivation, cognition, and action. *Animal Sentience: An Interdisciplinary Journal on Animal Feeling* 1(9): 12.

Shepherd, G. M. 2007. Perspectives on olfactory processing, conscious perception, and orbitofrontal cortex. *Annals of the New York Academy of Sciences* 1121(1): 87–101.

Sherrington, C. S. 1906. *The Integrative Action of the Nervous System*. Oxford: Oxford University Press.

Shigeno, S. 2017. Brain evolution as an information flow designer: The ground architecture for biological and artificial general intelligence. In *Brain Evolution by Design*, ed. S. Shigeno, Y. Murakami, and T. Nomura, 415–438. Tokyo: Springer Japan.

Shohat-Ophir, G., K. R. Kaun, R. Azanchi, H. Mohammed, and U. Heberlein. 2012. Sexual deprivation increases ethanol intake in *Drosophila*. *Science* 335(6074): 1351–1355.

Shu, D. G., S. C. Morris, J. Han, Z. F. Zhang, K. Yasui, P. Janvier, *et al.* 2003. Head and backbone of the early Cambrian vertebrate *Haikouichthys*. *Nature* 421(6922): 526–529.

Simon, H. A. 1962. The architecture of complexity. *Proceedings of the American Philosophical Society* 106(6): 467–482.

Simon, H. A. 1973. The organization of complex systems. In *Hierarchy Theory: The Challenge of Complex Systems*, ed. H. H. Pattee, 1–27. New York: George Braziller.

Solms, M. 2013. The conscious id. *Neuro-psychoanalysis* 15(1): 5–19.

Søvik, E., and A. B. Barron. 2013. Invertebrate models in addiction research. *Brain, Behavior and Evolution* 82(3): 153–165.

Søvik, E., and C. Perry. 2016. The evolutionary history of consciousness. *Animal Sentience: An Interdisciplinary Journal on Animal Feeling* 1(9): 19.

parative analysis. *Brain Research Bulletin* 57(3): 331–334.

Rolls, E. T. 2014. Emotion and decision-making explained: Précis; Synopsis of book published by Oxford University Press, 2014. *Cortex* 59: 185–193.

Ruppert, E., R. Fox, and R. Barnes. 2004. *Invertebrate Zoology: A Functional Evolutionary Approach.* 7th ed. Belmont, CA: Thomson/Brooks/Cole.

Ryan, K., Lu, Z. and I. A. Meinertzhagen. 2016. The CNS connectome of a tadpole larva of *Ciona intestinalis* (L.) highlights sidedness in the brain of a chordate sibling. *eLife* 5, e16962.

Ryczko, D., S. Grätsch, F. Auclair, C. Dubé, S. Bergeron, M. H. Alpert, *et al.* 2013. Forebrain dopamine neurons project down to a brainstem region controlling locomotion. *Proceedings of the National Academy of Sciences of the United States of America* 110: E3235–E3242.

Saidel, W. M. 2009. Evolution of the optic tectum in anamniotes. In *Encyclopedia of Neurosciences,* ed. M. D. Binder, N. Hirokawa, and U. Windhorst, 1380–1387. Berlin: Springer.

Saitoh, K., A. Ménard, and S. Grillner. 2007. Tectal control of locomotion, steering, and eye movements in lamprey. *Journal of Neurophysiology* 97(4): 3093–3108.

Salthe, S. N. 1985. *Evolving Hierarchical Systems: Their Structure and Representation.* New York: Columbia University Press.

Schiffbauer, J. D., J. W. Huntley, G. R. O'Neil, S. A. Darroch, M. Laflamme, and Y. Cai. 2016. The latest Ediacaran wormworld fauna: Setting the ecological stage for the Cambrian explosion. *GSA Today* 26(11): 4–11.

Schlosser, G. 2014. Development and evolution of vertebrate cranial placodes. *Developmental Biology* 389: 1.

Schluessel, V., and H. Bleckmann. 2005. Spatial memory and orientation strategies in the elasmobranch *Potamotrygon motoro. Journal of Comparative Physiology A: Neuroethology, Sensory, Neural, and Behavioral Physiology* 191(8): 695–706.

Schopf, J. W., and A. B. Kudryavtsev. 2012. Biogenicity of Earth's earliest fossils: A resolution of the controversy. *Gondwana Research* 22(3): 761–771.

Schuelert, N., and U. Dicke. 2005. Dynamic response properties of visual neurons and context-dependent surround effects on receptive fields in the tectum of the salamander *Plethodon shermani. Neuroscience* 134(2): 617–632.

Schultz, W. 2015. Neuronal reward and decision signals: From theories to data. *Physiological Reviews* 95(3): 853–951.

Schumacher, S., T. B. de Perera, and G. von der Emde. 2017. Electrosensory capture during multisensory discrimination of nearby objects in the weakly electric fish *Gnathonemus petersii. Scientific Reports* 7: 43665.

Schumann, I., L. Hering, and G. Mayer. 2016. Immunolocalization of arthropsin in the onychophoran *Euperipatoides rowelli* (Peripatopsidae). *Frontiers in Neuroanatomy* 10: 80.

Searle, J. 1992. *The Rediscovery of the Mind.* Cambridge, MA: MIT Press. Searle, J. R. 1997. *The Mystery of Consciousness.* New York: New York Review of Books.〔ジョン・R・サール 著、宮原勇 訳『ディスカバー・マインド！―哲学の挑戦』筑摩書房、2008 年〕

Perry, C. J., A. B. Barron, and K. Cheng. 2013. Invertebrate learning and cognition: Relating phenomena to neural substrate. *Wiley Interdisciplinary Reviews: Cognitive Science* 4 (5): 561–582.

Piccinini, G. 2015. *Physical Computation: A Mechanistic Account*. Oxford: Oxford University Press.

Piccinini, G., and C. Craver. 2011. Integrating psychology and neuroscience: Functional analyses as mechanism sketches. *Synthese* 183(3): 283–311.

Pigliucci, M. 2013. What hard problem? *Philosophy Now* 99. https://philpapers.org/archive/PIGWHP.pdf.

Pirri, J. K., A. D. McPherson, J. L. Donnelly, M. M. Francis, and M. J. Alkema. 2009. A tyramine-gated chloride channel coordinates distinct motor programs of a *Caenorhabditis elegans* escape response. *Neuron* 62(4): 526–538.

Plotnick, R. E., S. Q. Dornbos, and J. Chen. 2010. Information landscapes and sensory ecology of the Cambrian radiation. *Paleobiology* 36:303–317.

Pombal, M. A., and L. Puelles. 1999. Prosomeric map of the lamprey forebrain based on calretinin immunocytochemistry, Nissl stain, and ancillary markers. *Journal of Comparative Neurology* 414(3): 391–422.

Prados, J., B. Alvarez, F. Acebes, I. Loy, J. Sansa, and M. M. Moreno-Fernández. 2013. Blocking in rats, humans and snails using a within-subjects design. *Behavioural Processes* 100:23–31.

Preuss, S. J., C. A. Trivedi, C. M. vom Berg-Maurer, S. Ryu, and J. H. Bollmann. 2014. Classification of object size in retinotectal microcircuits. *Current Biology* 24(20): 2376–2385.

Proske, U., and S. C. Gandevia. 2012. The proprioceptive senses: Their roles in signaling body shape, body position and movement, and muscle force. *Physiological Reviews* 92 (4): 1651–1697.

Randall, F. E., M. A. Whittington, and M. O. Cunningham. 2011. Fast oscillatory activity induced by kainate receptor activation in the rat basolateral amygdala in vitro. *European Journal of Neuroscience* 33(5): 914–922.

Reggia, J. A. 2013. The rise of machine consciousness: Studying consciousness with computational models. *Neural Networks* 44:112–131.

Revonsuo, A. 2006. *Inner Presence: Consciousness as a Biological Phenomenon*. Cambridge, MA: MIT Press.

Revonsuo, A. 2010. *Consciousness: The Science of Subjectivity*. Hove, UK: Psychology Press.

Ristau, C. A. 2016. Beginnings: Physics, sentience and LUCA. *Animal Sentience: An Interdisciplinary Journal on Animal Feeling* 1(11): 4.

Robertson, B., K. Saitoh, A. Ménard, and S. Grillner. 2006. Afferents of the lamprey optic tectum with special reference to the GABA input: Combined tracing and immunohistochemical study. *Journal of Comparative Neurology* 499(1): 106–119.

Rodríguez-Moldes, I., P. Molist, F. Adrio, M. A. Pombal, S. E. P. Yáñez, M. Mandado, *et al.* 2002. Organization of cholinergic systems in the brain of different fish groups: A com-

Ortega-Hernández, J. 2015. Lobopodians. *Current Biology* 25(19): R873-R875.

Packard, A., and J. T. Delafield-Butt. 2014. Feelings as agents of selection: Putting Charles Darwin back into (extended neo-) Darwinism. *Biological Journal of the Linnean Society* 112(2): 332-353.

Pain, S. P. 2009. Signs of anger: Representation of agonistic behaviour in invertebrate cognition. *Biosemiotics* 2(2): 181-191.

Panksepp, J. 1998. *Affective Neuroscience: The Foundations of Human and Animal Emotions.* New York: Oxford University Press.

Panksepp, J. 2005. Affective consciousness: Core emotional feelings in animals and humans. *Consciousness and Cognition* 14(1): 30-80.

Panksepp, J. 2015. Affective preclinical modeling of psychiatric disorders: Taking imbalanced primal emotional feelings of animals seriously in our search for novel antidepressants. *Dialogues in Clinical Neuroscience* 17(4): 363.

Panksepp, J. 2016. The cross-mammalian neurophenomenology of primal emotional affects: From animal feelings to human therapeutics. *Journal of Comparative Neurology* 524(8): 1624-1635.

Panksepp, J., L. Normansell, J. F. Cox, and S. M. Siviy. 1994. Effects of neonatal decortication on the social play of juvenile rats. *Physiology and Behavior* 56(3): 429-443.

Papini, M. R., and M. E. Bitterman. 1991. Appetitive conditioning in *Octopus cyanea*. *Journal of Comparative Psychology* 105(2): 107.

Parker, A. 2009. *In the Blink of an Eye: How Vision Sparked the Big Bang of Evolution.* New York: Basic Books. 〔アンドリュー・パーカー 著、渡辺政隆、今西康子 訳『眼の誕生―カンブリア紀大進化の謎を解く』草思社、2006 年〕

Parvizi, J., and A. R. Damasio. 2003. Neuroanatomical correlates of brainstem coma. *Brain* 126(7): 1524-1536.

Pattee, H. H. 1970. The problem of biological hierarchy. In *Towards a Theoretical Biology*, vol. 3, ed. C. H. Waddington, 117-136. Chicago: Aldine.

Paulk, A. C., Y. Zhou, P. Stratton, L. Liu, and B. van Swinderen. 2013. Multichannel brain recordings in behaving *Drosophila* reveal oscillatory activity and local coherence in response to sensory stimulation and circuit activation. *Journal of Neurophysiology* 110(7): 1703-1721.

Pecoits, E., K. O. Konhauser, N. R. Aubet, L. M. Heaman, G. Veroslavsky, R. A. Stern, and M. K. Gingras. 2012. Bilaterian burrows and grazing behavior at >585 million years ago. *Science* 336(6089): 1693-1696.

Peirs, C., and R. P. Seal. 2016. Neural circuits for pain: Recent advances and current views. *Science* 354(6312): 578-584.

Perry, C. J., L. Baciadonna, and L. Chittka. 2016. Unexpected rewards induce dopamine-dependent positive emotion-like state changes in bumblebees. *Science* 353(6307): 1529-1531.

Perry, C. J., and A. B. Barron. 2013. Neural mechanisms of reward in insects. *Annual Review of Entomology* 58: 543-562.

org/article/Neural_correlates_of_consciousness.

Morowitz, H. J. 2004. *The Emergence of Everything: How the World Became Complex.* New York: Oxford University Press.

Morsella, E. 2005. The function of phenomenal states: Supramodular interaction theory. *Psychological Review* 112(4): 1000.

Morsella, E., C. A. Godwin, T. K. Jantz, S. C. Krieger, and A. Gazzaley. 2016. Homing in on consciousness in the nervous system: An action-based synthesis. *Behavioral and Brain Sciences* 39: e168.

Morsella, E., and Z. Reyes. 2016. The difference between conscious and unconscious brain circuits. *Animal Sentience: An Interdisciplinary Journal on Animal Feeling* 1(11): 10.

Nagel, T. 1974. What is it like to be a bat? *Philosophical Review* 83(4): 435–450.〔所収：トマス・ネーゲル 著、永井均 訳『コウモリであるとはどのようなことか』勁草書房、1989 年〕

Namburi, P., R. Al-Hasani, G. G. Calhoon, M. R. Bruchas, and K. M. Tye. 2016. Architectural representation of valence in the limbic system. *Neuropsychopharmacology* 41(7): 1697–1715.

Nevin, L. M., E. Robles, H. Baier, and E. K. Scott. 2010. Focusing on optic tectum circuitry through the lens of genetics. *BMC Biology* 8(1): 126.

Newport, C., G. Wallis, Y. Reshitnyk, and U. E. Siebeck. 2016. Discrimination of human faces by archerfish (*Toxotes chatareus*). *Scientific Reports* 6: 27523.

Nieuwenhuys, R., J. G. Veening, and P. Van Domburg. 1987. Cores and paracores: Some new chemoarchitectural entities in the mammalian neuraxis. *Acta Morphologica Neerlando-Scandinavica* 26:131.

Nonomura, K., S. H. Woo, R. B. Chang, A. Gillich, Z. Qiu, A. G. Francisco, *et al*. 2017. Piezo2 senses airway stretch and mediates lung inflation-induced apnoea. *Nature* 541(7636): 176–181.

Northcutt, R. G. 2005. The new head revisited. *Journal of Experimental Zoology* 304B: 274–297.

Northcutt, R. G., and H. Wicht. 1997. Afferent and efferent connections of the lateral and medial pallia of the silver lamprey. *Brain, Behavior and Evolution* 49(1): 1–19.

Northmore, D. 2011. The optic tectum. In *The Encyclopedia of Fish Physiology: From Genome to Environment*, ed. A. Farrell, 131–142. San Diego, CA: Academic Press.

Nutman, A. P., V. C. Bennett, C. R. Friend, M. J. Van Kranendonk, and A. R. Chivas. 2016. Rapid emergence of life shown by discovery of 3,700-million-year-old microbial structures. *Nature* 537(7621): 535–538.

Oberheim, N. A., S. A. Goldman, and M. Nedergaard. 2012. Heterogeneity of astrocytic form and function. In *Astrocytes: Methods and Protocols, Methods in Molecular Biology*, vol. 814, ed. Richard Milner, 23–45. New York: Humana Press.

O'Connell, L. A., and H. A. Hofmann. 2011. The vertebrate mesolimbic reward system and social behavior network: A comparative synthesis. *Journal of Comparative Neurology* 519(18): 3599–3639.

2100–2109.
Marzluff, J. M., J. Walls, H. N. Cornell, J. C. Withey, and D. P. Craig. 2010. Lasting recognition of threatening people by wild American crows. *Animal Behaviour* 79(3): 699–707.
Mather, J. 2012. Cephalopod intelligence. In *The Oxford Handbook of Comparative Evolutionary Psychology*, ed. J. Vonk and T. K. Shackelford, 118–128. Oxford: Oxford University Press.
Mather, J. A., and R. C. Anderson. 1999. Exploration, play and habituation in octopuses (*Octopus dofleini*). *Journal of Comparative Psychology* 113(3): 333.
Mather, J. A., and C. Carere. 2016. Cephalopods are best candidates for invertebrate consciousness. *Animal Sentience: An Interdisciplinary Journal on Animal Feeling* 1(9): 2.
Mather, J. A., and M. J. Kuba. 2013. The cephalopod specialties: Complex nervous system, learning, and cognition 1. *Canadian Journal of Zoology* 91(6): 431–449.
Mayer, G. 2006. Structure and development of onychophoran eyes: What is the ancestral visual organ in arthropods? *Arthropod Structure and Development* 35(4): 231–245.
Mayr, E. 1982. *The Growth of Biological Thought: Diversity, Evolution, and Inheritance*. Cambridge, MA: Harvard University Press.
Mayr, E. 2004. *What Makes Biology Unique? Considerations on the Autonomy of a Scientific Discipline*. Cambridge: Cambridge University Press.
McGinn, C. 1991. Consciousness and content. In *Mind and Common Sense: Philosophical Essays on Commonsense Psychology*, ed. R. J. Bogdan, 71–92. Cambridge: Cambridge University Press.
McHaffie, J. G., T. R. Stanford, B. E. Stein, V. Coizet, and P. Redgrave. 2005. Subcortical loops through the basal ganglia. *Trends in Neurosciences* 28(8): 401–407.
Meehl, P. 1966. The compleat autocerebroscopist: A thought experiment on Professor Feigl's mind/body identity thesis. In *Mind, Matter, and Method*, ed. P. K. Feyerabend and G. Maxwell, 103–180. Minneapolis: University of Minnesota Press.
Meek, J. 1981. A golgi-electron microscopic study of goldfish optic tectum. I. Description of afferents, cell types, and synapses. *Journal of Comparative Neurology* 199(2): 149–173.
Merker, B. 2007. Consciousness without a cerebral cortex: A challenge for neuroscience and medicine. *Behavioral and Brain Sciences* 30(01): 63–81.
Merker, B. H. 2016. Insects join the consciousness fray. *Animal Sentience: An Interdisciplinary Journal on Animal Feeling* 1(9): 4.
Metzinger, T. 2004. *Being No One: The Self-Model Theory of Subjectivity*. Cambridge, MA: MIT Press.
Milkowski, M. 2013. *Explaining the Computational Mind*. Cambridge: MIT Press.
Min, B. K. 2010. A thalamic reticular networking model of consciousness. *Theoretical Biology and Medical Modelling* 7(10): 1–18.
Montgomery, S. 2015. *The Soul of an Octopus: A Surprising Exploration into the Wonder of Consciousness*. New York: Simon and Schuster. 〔サイ・モンゴメリー 著、小林由香利 訳『愛しのオクトパス―海の賢者が誘う意識と生命の神秘の世界』亜紀書房、2017 年〕
Mormann, F., and C. Koch. 2007. Neural correlates of consciousness. http://www.scholarpedia.

of Invertebrate Nervous Systems, ed. A. Schmidt-Rhaesa, S. Harszch, and G. Purschke. Oxford: Oxford University Press.

Lacalli, T. C. 2018. Amphioxus neurocircuits, enhanced arousal, and the origin of vertebrate consciousness. *Conscoiusness and Cognition* 62: 127–134.

Lamb, T. D. 2013. Evolution of phototransduction, vertebrate photoreceptors, and retina. *Progress in Retinal and Eye Research* 36: 52–119.

Lamme, V. A. 2006. Towards a true neural stance on consciousness. *Trends in Cognitive Sciences* 10(11): 494–501.

Lamme, V. A., and P. R. Roelfsema. 2000. The distinct modes of vision offered by feedforward and recurrent processing. *Trends in Neurosciences* 23:571–579.

Lau, H., and D. Rosenthal. 2011. Empirical support for higher-order theories of conscious awareness. *Trends in Cognitive Sciences* 15(8): 365–373.

LeDoux, J. 2012. Rethinking the emotional brain. *Neuron* 73(4): 653–676.

LeDoux, J. E., and R. Brown. 2017. A higher-order theory of emotional consciousness. *Proceedings of the National Academy of Sciences of the United States of America* 114(10): E2016–E2025.

Lee, S. H., and Y. Dan. 2012. Neuromodulation of brain states. *Neuron* 76(1): 209–222.

Levine, J. 1983. Materialism and qualia: The explanatory gap. *Pacific Philosophical Quarterly* 64(4): 354–361.

Llinás, R. R. 2002. *I of the Vortex: From Neurons to Self.* Cambridge, MA: MIT Press.

Lockwood, M. 1993. The grain problem. In *Objections to Physicalism*, ed. H. M. Robinson. Oxford: Oxford University Press.

Loy, I., V. Fernández, and F. Acebes. 2006. Conditioning of tentacle lowering in the snail (*Helix aspersa*): Acquisition, latent inhibition, overshadowing, second-order conditioning, and sensory preconditioning. *Learning and Behavior* 34(3): 305–314.

Ma, X., X. Hou, G. D. Edgecombe, and N. J. Strausfeld. 2012. Complex brain and optic lobes in an early Cambrian arthropod. *Nature* 490(7419): 258–261.

Mallatt, J., and T. E. Feinberg. 2016. Insect consciousness: Fine-tuning the hypothesis. *Animal Sentience: An Interdisciplinary Journal on Animal Feeling* 1(9): 10.

Mallatt, J., and T. E. Feinberg. 2017. Consciousness is not inherent in but emergent from life. *Animal Sentience: An Interdisciplinary Journal on Animal Feeling* 11(15): 1.

Mángano, M. G., and L. A. Buatois. 2014. Decoupling of body-plan diversification and ecological structuring during the Ediacaran-Cambrian transition: Evolutionary and geobiological feedbacks. In *Proceedings of the Royal Society B: Biological Sciences* 281(1780): 20140038.

Manger, P. R. 2009. Evolution of the reticular formation. In *Encyclopedia of Neurosciences*, ed. M. D. Binder, N. Hirokawa, and U. Windhorst, 1413–1416. Berlin: Springer.

Marchetti, G. 2014. Attention and working memory: Two basic mechanisms for constructing temporal experiences. *Frontiers in Psychology* 5:880.

Marin, O., A. González, and W. J. Smeets. 1997. Anatomical substrate of amphibian basal ganglia involvement in visuomotor behaviour. *European Journal of Neuroscience* 9(10):

Kim, J. 1998. *Mind in a Physical World: An Essay on the Mind-Body Problem and Mental Causation*. Cambridge, MA: MIT Press.〔ジェグォン・キム 著、太田雅子 訳『物理世界のなかの心—心身問題と心的因果』勁草書房、2006 年〕

Kim, J. 2006. Being realistic about emergence. In *The Re-emergence of Emergence*, ed. P. Clayton and P. Davies, 190–202. Oxford: Oxford University Press.

Kim, S. S., H. Rouault, S. Druckmann, and V. Jayaraman. 2017. Ring attractor dynamics in the *Drosophila* central brain. *Science* 356(6340): 849–853.

Kirk, R. 1994. *Raw Feeling*. Cambridge, MA: MIT Press.

Kisch, J., and J. Erber. 1999. Operant conditioning of antennal movements in the honey bee. *Behavioural Brain Research* 99(1): 93–102.

Klein, C., and A. B. Barron. 2016a. Insects have the capacity for subjective experience. *Animal Sentience: An Interdisciplinary Journal on Animal Feeling* 1(9): 1.

Klein, C., and A. B. Barron. 2016b. Insect consciousness: Commitments, conflicts and consequences. *Animal Sentience: An Interdisciplinary Journal on Animal Feeling* 1(9): 21.

Klein, C., and A. B. Barron. 2016c. Reply to Adamo, Key *et al.*, and Schilling and Cruse: Crawling around the hard problem of consciousness. *Proceedings of the National Academy of Sciences of the United States of America* 113(27): E3814–E3815.

Knudsen, E. I. 2011. Control from below: The role of a midbrain network in spatial attention. *European Journal of Neuroscience* 33(11): 1961–1972.

Koch, C. 2004. *The Quest for Consciousness: A Neurobiological Approach*. Englewood, CO: Roberts.〔クリストフ・コッホ 著、土谷尚嗣、金井良太 訳『意識の探求—神経科学からのアプローチ（上・下）』岩波書店、2006 年〕

Koch, C., M. Massimini, M. Boly, and G. Tononi. 2016. Neural correlates of consciousness: Progress and problems. *Nature Reviews Neuroscience* 17(5): 307–321.

Kohl, J. V. 2013. Nutrient-dependent/pheromone-controlled adaptive evolution: A model. *Socioaffective Neuroscience and Psychology* 3:20553.

Krauzlis, R. J., L. P. Lovejoy, and A. Zénon. 2013. Superior colliculus and visual spatial attention. *Annual Review of Neuroscience* 36:165–182.

Krebber, M., J. Harwood, B. Spitzer, J. Keil, and D. Senkowski. 2015. Visuotactile motion congruence enhances gamma-band activity in visual and somatosensory cortices. *NeuroImage* 117:160–169.

Kröger, B., J. Vinther, and D. Fuchs. 2011. Cephalopod origin and evolution: A congruent picture emerging from fossils, development, and molecules. *BioEssays* 33(8): 602–613.

Kuba, M., T. Gutnick, and B. Hochner. 2012. Meeting an alien: Behavioral experiments on the octopus. In *Frontiers in Behavioral Neuroscience Conference Abstract: Tenth International Congress of Neuroethology*, vol. 436. doi:10.3389/conf.fnbeh.

Lacalli, T. C. 2008. Basic features of the ancestral chordate brain: A protochordate perspective. *Brain Research Bulletin* 75:319–323.

Lacalli, T. C. 2013. Looking into eye evolution: Amphioxus points the way. *Pigment Cell and Melanoma Research* 26:162–164.

Lacalli, T. C. 2015. The origin of vertebrate neural organization. *In Structure and Evolution*

forest. http://blogs.scientificamerican.com/brainwaves/2012/05/16/know-your-neurons-classifying-the-many-types-of-cells-in-the-neuron-forest.

Jackson, F. 1982. Epiphenomenal qualia. *Philosophical Quarterly* 32:127–136.

James, W. 1904. Does consciousness exist? *Journal of Philosophy, Psychology, and Scientific Methods* 1(18): 477–491.

Jarvis, E. D., J. Yu, M. V. Rivas, H. Horita, G. Feenders, O. Whitney, *et al*. 2013. Global view of the functional molecular organization of the avian cerebrum: Mirror images and functional columns. *Journal of Comparative Neurology* 521(16): 3614–3665.

Jing, J., E. C. Cropper, I. Hurwitz, and K. R. Weiss. 2004. The construction of movement with behavior-specific and behavior-independent modules. *Journal of Neuroscience* 24 (28): 6315–6325.

Jonkisz, J. 2015. Consciousness: Individuated information in action. *Frontiers in Psychology* 6.

Kaas, A. L., M. C. Stoeckel, and R. Goebel. 2008. The neural bases of haptic working memory. In *Human Haptic Perception: Basics and Applications*, ed. M. Grunwald, 113–129. Boston: Birkhauser.

Kaas, J. H. 1997. Topographic maps are fundamental to sensory processing. *Brain Research Bulletin* 44(2): 107–112.

Kandel, E. R., J. H. Schwartz, T. M. Jessell, S. A. Siegelbaum, and A. J. Hudspeth. 2012. *Principles of Neural Science*. 5th ed. New York: McGraw-Hill.

Kardamakis, A. A., J. Pérez-Fernández, and S. Grillner. 2016. Spatiotemporal interplay between multisensory excitation and recruited inhibition in the lamprey optic tectum. *eLife* 5:e16472.

Kardong, K. 2012. *Vertebrates: Comparative Anatomy, Function, Evolution*. 6th ed. Dubuque, IA: McGraw-Hill Higher Education.

Karten, H. J. 2013. Neocortical evolution: Neuronal circuits arise independently of lamination. *Current Biology* 23(1): R12–R15.

Kawai, N., R. Kono, and S. Sugimoto. 2004. Avoidance learning in the crayfish (*Procambarus clarkii*) depends on the predatory imminence of the unconditioned stimulus: A behavior systems approach to learning in invertebrates. *Behavioural Brain Research* 150(1): 229–237.

Keller, A. 2014. The evolutionary function of conscious information processing is revealed by its task-dependency in the olfactory system. *Frontiers in Psychology* 5.

Key, B. 2014. Fish do not feel pain and its implications for understanding phenomenal consciousness. *Biology and Philosophy* 30:149–165.

Key, B. 2016. Phenomenal consciousness in insects? A possible way forward. *Animal Sentience: An Interdisciplinary Journal on Animal Feeling* 1(9): 17.

Khodagholy, D., J. N. Gelinas, and G. Buzsáki. 2017. Learning-enhanced coupling between ripple oscillations in association cortices and hippocampus. *Science* 358(6361): 369–372.

Kim, J. 1992. "Downward causation" in emergentism and nonreductive physicalism. In *Emergence or Reduction? Essays on the Prospects of Nonreductive Physicalism*, ed. A. Beckermann, H. Flohr, and J. Kim, 119–138. New York: Walter de Gruyter.

Gutnick, T., R. A. Byrne, B. Hochner, and M. Kuba. 2011. *Octopus vulgaris* uses visual information to determine the location of its arm. *Current Biology* 21(6): 460–462.

Hall, B. K. 2008. *The Neural Crest and Neural Crest Cells in Vertebrate Development and Evolution*. 2nd ed. New York: Springer Science & Business Media.

Hall, J. 2011. *Guyton and Hall Textbook of Medical Physiology*. 12th ed. Philadelphia: Saunders.〔John E. Hall 著、石川義弘、岡村康司、尾仲達史、河野憲二 総監訳『ガイトン生理学 原著第 13 版』エルゼビア・ジャパン、2018 年〕

Haralson, J. V., C. I. Groff, and S. J. Haralson. 1975. Classical conditioning in the sea anemone, *Cribrina xanthogrammica*. *Physiology and Behavior* 15(4): 455–460.

Hardisty, M. W. 1979. *Biology of the Cyclostomes*. London: Chapman & Hall.

Harnad, S. 2016. Animal sentience: The other-minds problem. *Animal Sentience: An Interdisciplinary Journal on Animal Feeling* 1(1): 1.

Heil, J., and A. Mele, eds. 1993. *Mental Causation*. Oxford: Clarendon Press.

Herberholz, J., and G. D. Marquart. 2012. Decision making and behavioral choice during predator avoidance. *Frontiers in Neuroscience* 6.

Hills, T. T. 2006. Animal foraging and the evolution of goal-directed cognition. *Cognitive Science* 30(1): 3–41.

Hochner, B. 2012. An embodied view of octopus neurobiology. *Current Biology* 22(20): R887–R892.

Hochner, B. 2013. How nervous systems evolve in relation to their embodiment: What we can learn from octopuses and other molluscs. *Brain, Behavior and Evolution* 82(1): 19–30.

Hochner, B., T. Shomrat, and G. Fiorito. 2006. The octopus: A model for a comparative analysis of the evolution of learning and memory mechanisms. *Biological Bulletin* 210(3): 308–317.

Hodos, W., and A. B. Butler. 1997. Evolution of sensory pathways in vertebrates. *Brain, Behavior and Evolution* 50(4): 189–197.

Hohwy, J. 2007. The search for neural correlates of consciousness. *Philosophy Compass* 2(3): 461–474.

Homberg, U. 2008. Evolution of the central complex in the arthropod brain with respect to the visual system. *Arthropod Structure and Development* 37(5): 347–362.

Hu, H. 2016. Reward and aversion. *Annual Review of Neuroscience* 39:297–324.

Huber, R., J. B. Panksepp, T. Nathaniel, A. Alcaro, and J. Panksepp. 2011. Drug-sensitive reward in crayfish: An invertebrate model system for the study of seeking, reward, addiction, and withdrawal. *Neuroscience and Biobehavioral Reviews* 35(9): 1847–1853.

Hume, J. B., C. E. Adams, B. Mable, and C. W. Bean. 2013. Sneak male mating tactics between lampreys (Petromyzontiformes) exhibiting alternative life-history strategies. *Journal of Fish Biology* 82(3): 1093–1100.

Huston, J. P., M. A. Silva, B. Topic, and C. P. Müller. 2013. What's conditioned in conditioned place preference? *Trends in Pharmacological Sciences* 34(3): 162–166.

Jabr, F. 2012. Know your neurons: How to classify different types of neurons in the brain's

Gennaro, R. J. 2011. *The Consciousness Paradox: Consciousness, Concepts, and Higher-Order Thoughts*. Cambridge, MA: MIT Press.

Gershman, S. J., E. J. Horvitz, and J. B. Tenenbaum. 2015. Computational rationality: A converging paradigm for intelligence in brains, minds, and machines. *Science* 349(6245): 273-278.

Ginsburg, S., and E. Jablonka. 2010. The evolution of associative learning: A factor in the Cambrian explosion. *Journal of Theoretical Biology* 266(1): 11-20.

Gillette, R., and J. W. Brown. 2015. The sea slug, *Pleurobranchaea californica*: A signpost species in the evolution of complex nervous systems and behavior. *Integrative and Comparative Biology* 55(6): 1058-1069.

Giordano, J. 2005. The neurobiology of nociceptive and anti-nociceptive systems. *Pain Physician* 8(3): 277-290.

Gizowski, C., and C. W. Bourque. 2017. Neurons that drive and quench thirst. *Science* 357 (6356): 1092-1093.

Globus, G. G. 1973. Unexpected symmetries in the "world knot." *Science* 180: 1129-1136.

Godfrey-Smith, P. 2016a. *Other Minds: The Octopus, the Sea, and the Deep Origins of Consciousness*. London: Macmillan.〔ピーター・ゴドフリー＝スミス 著、夏目大 訳『タコの心身問題―頭足類から考える意識の起源』みすず書房、2018 年〕

Godfrey-Smith, P. 2016b. Animal evolution and the origins of experience. In *How Biology Shapes Philosophy: New Foundations for Naturalism*, ed. D. L. Smith, 23-50. Cambridge: Cambridge University Press.

Graham, B. J., and D. P. Northmore. 2007. A spiking neural network model of midbrain visuomotor mechanisms that avoids objects by estimating size and distance monocularly. *Neurocomputing* 70(10): 1983-1987.

Graindorge, N., C. Alves, A. S. Darmaillacq, R. Chichery, L. Dickel, and C. Bellanger. 2006. Effects of dorsal and ventral vertical lobe electrolytic lesions on spatial learning and locomotor activity in *Sepia officinalis*. *Behavioral Neuroscience* 120(5): 1151.

Grewe, B. F., J. Gründemann, L. J. Kitch, J. A. Lecoq, J. G. Parker, J. D. Marshall, *et al.* 2017. Neural ensemble dynamics underlying a long-term associative memory. *Nature* 543 (7647): 670-675.

Grillner, S., J. Hellgren, A. Menard, K. Saitoh, and M. A. Wikström. 2005. Mechanisms for selection of basic motor programs—roles for the striatum and pallidum. *Trends in Neurosciences* 28(7): 364-370.

Gruberg, E., E. Dudkin, Y. Wang, G. Marín, C. Salas, E. Sentis, *et al.* 2006. Influencing and interpreting visual input: The role of a visual feedback system. *Journal of Neuroscience* 26(41): 10368-10371.

Guirado, S., and J. C. Davila. 2009. Evolution of the optic tectum in amniotes. In *Encyclopedia of Neurosciences*, ed. M. D. Binder, N. Hirokawa, and U. Windhorst, 1375-1380. Berlin: Springer.

Gutfreund, Y. 2012. Stimulus-specific adaptation, habituation, and change detection in the gaze control system. *Biological Cybernetics* 106(11-12): 657-668.

Journal on Animal Feeling 1(9): 18.

Elwood, R. W., and M. Appel. 2009. Pain experience in hermit crabs? *Animal Behaviour* 77(5): 1243–1246.

Erwin, D. H., and J. W. Valentine. 2013. *The Cambrian Explosion*. Greenwood Village, CO: Roberts and Company.

Eshel, N., M. Bukwich, V. Rao, V. Hemmelder, J. Tian, and N. Uchida. 2015. Arithmetic and local circuitry underlying dopamine prediction errors. *Nature* 525(7568): 243–246.

Fang-Yen, C., M. J. Alkema, and A. D. Samuel. 2015. Illuminating neural circuits and behaviour in Caenorhabditis elegans with optogenetics. *Philosophical Transactions of the Royal Society B: Biological Sciences* 370(1677): 20140212.

Fauria, K., M. Colborn, and T. S. Collett. 2000. The binding of visual patterns in bumblebees. *Current Biology* 10(15): 935–938.

Feigl, H. 1967. *The "Mental" and the "Physical."* Minneapolis: University of Minnesota Press.〔H・ファイグル 著、伊藤笏康、荻野弘之 訳『こころともの』勁草書房、1989 年〕

Feinberg, T. E. 2000. The nested hierarchy of consciousness: A neurobiological solution to the problem of mental unity. *Neurocase* 6:75–81.

Feinberg, T. E. 2001. Why the mind is not a radically emergent feature of the brain. *Journal of Consciousness Studies* 8(9–10): 123–145.

Feinberg, T. E. 2009. *From Axons to Identity: Neurological Explorations of the Nature of the Self*. New York: W. W. Norton.

Feinberg, T. E. 2011. The nested neural hierarchy and the self. *Consciousness and Cognition* 20:4–17.

Feinberg, T. E. 2012. Neuroontology, neurobiological naturalism, and consciousness: A challenge to scientific reduction and a solution. *Physics of Life Reviews* 9(1): 13–34.

Feinberg, T. E., and J. Mallatt. 2013. The evolutionary and genetic origins of consciousness in the Cambrian Period over 500 million years ago. *Frontiers in Psychology* 4.

Feinberg, T. E., and J. Mallatt. 2016a. *The Ancient Origins of Consciousness: How the Brain Created Experience*. Cambridge, MA: MIT Press.〔トッド・M・ファインバーグ、ジョン・M・マラット 著、鈴木大地 訳『意識の進化的起源―カンブリア爆発で心は生まれた』勁草書房、2017 年〕

Feinberg, T. E., and J. Mallatt. 2016b. The nature of primary consciousness: A new synthesis. *Consciousness and Cognition* 43:113–127.

Feinberg, T. E., and J. Mallatt. 2016c. The evolutionary origins of consciousness. In *Biophysics of Consciousness: A Foundational Approach*, ed. R. R. Poznanski, J. Tuszynski, and T. E. Feinberg, 47–86. London: World Scientific.

Felsenberg, J., O. Barnstedt, P. Cognigni, S. Lin, and S. Waddell. 2017. Re-evaluation of learned information in *Drosophila*. *Nature* 544(7649): 240–244.

Fink, S. B. 2016. A deeper look at the "neural correlate of consciousness." *Frontiers in Psychology* 7.

Gans, C., and R. G. Northcutt. 1983. Neural crest and the origin of vertebrates: A new head. *Science* 220(4594): 268–273.

De Bivort, B. L., and B. Van Swinderen. 2016. Evidence for selective attention in the insect brain. *Current Opinion in Insect Science* 15:9-15.

Dehaene, S. 2014. *Consciousness and the Brain: Deciphering How the Brain Codes Our Thoughts*. New York: Viking Penguin.〔スタニスラス・ドゥアンヌ 著、高橋洋 訳『意識と脳—思考はいかにコード化されるか』紀伊國屋書店、2015 年〕

Dehaene, S., and Naccache, L. 2001. Towards a cognitive neuroscience of consciousness: Basic evidence and a workspace framework. *Cognition* 79: 1-37.

Del Bene, F., C. Wyart, E. Robles, A. Tran, L. Looger, E. K. Scott, *et al.* 2010. Filtering of visual information in the tectum by an identified neural circuit. *Science* 330(6004): 669-673.

Dennett, D. C. 1988. Quining qualia. In *Consciousness in Contemporary Science*, ed. A. J. Marcel and E. Bisiach, 42-77. Oxford: Clarendon Press.

Dennett, D. C. 1991. *Consciousness Explained*. Boston: Little, Brown.〔ダニエル・C・デネット 著、山口泰司 訳『解明される意識』青土社、1998 年〕

Denton, D. 2006. *The Primordial Emotions: The Dawning of Consciousness*. Oxford: Oxford University Press.

Dicke, U., and G. Roth. 2009. Evolution of the visual system in amphibians. In *Encyclopedia of Neurosciences*, ed. M. D. Binder, N. Hirokawa, and U. Windhorst, 1455-1459. Berlin: Springer.

Dretske, F. 1995. *Naturalizing the Mind*. Cambridge, MA: MIT Press.〔フレッド・ドレツキ 著、鈴木貴之 訳『心を自然化する』勁草書房、2007 年〕

Dugas-Ford, J., J. J. Rowell, and C. W. Ragsdale. 2012. Cell-type homologies and the origins of the neocortex. *Proceedings of the National Academy of Sciences of the United States of America* 109(42): 16974-16979.

Edelman, D. B., B. J. Baars, and A. K. Seth. 2005. Identifying hallmarks of consciousness in non-mammalian species. *Consciousness and Cognition* 14(1): 169-187.

Edelman, D. B., and A. K. Seth. 2009. Animal consciousness: A synthetic approach. *Trends in Neurosciences* 32(9): 476-484.

Edelman, G. M. 1989. *The Remembered Present: A Biological Theory of Consciousness*. New York: Basic Books.〔G・M・エーデルマン 著、金子隆芳 訳『脳から心へ—心の進化の生物学』新曜社、1995 年〕

Edelman, G. M. 1992. *Bright Air, Brilliant Fire: On the Matter of the Mind*. New York: Basic Books.〔ジェラルド・M・エーデルマン 著、豊嶋良一 監修、冬樹純子 訳『脳は空より広いか—「私」という現象を考える』草思社、2006 年〕

Edelman, G. M. 2003. Naturalizing consciousness: A theoretical framework. *Proceedings of the National Academy of Sciences of the United States of America* 100:5520-5524.

Edelman, G. M., J. A. Gally, and B. J. Baars. 2011. Biology of consciousness. *Frontiers in Psychology* 2:4.

Edelman, S., R. Moyal, and T. Fekete. 2016. To bee or not to bee? *Animal Sentience: An Interdisciplinary Journal on Animal Feeling* 1(9): 14.

Elwood, R. W. 2016. Might insects experience pain? *Animal Sentience: An Interdisciplinary*

26(6): 303-307.

Craig, A. D. 2003b. Pain mechanisms: Labeled lines versus convergence in central processing. *Annual Review of Neuroscience* 26(1): 1-30.

Craig, A. D. 2010. The sentient self. *Brain Structure and Function* 214: 563-577.

Crancher, P., M. G. King, A. Bennett, and R. B. Montgomery. 1972. Conditioning of a free operant in Octopus cyanus Grayi. *Journal of the Experimental Analysis of Behavior* 17(3): 359-362.

Craver, C. 2007. Constitutive explanatory relevance. *Journal of Philosophical Research* 32: 3-20.

Crick, F. 1995. *Astonishing Hypothesis: The Scientific Search for the Soul.* New York: Simon and Schuster. 〔フランシス・クリック 著、中原英臣 訳『DNA に魂はあるか―驚異の仮説』講談社、1995 年〕

Crick, F., and C. Koch. 2003. A framework for consciousness. *Nature Neuroscience* 6:119-126.

Cruse, H., and M. Schilling. 2015. Mental states as emergent properties: From walking to consciousness. In *Open Mind: 9(C)*, ed. T. Metzinger and J. Windt. Frankfurt am Main: MIND Group.

Cruse, H., and M. Schilling. 2016. No proof for subjective experience in insects. *Animal Sentience: An Interdisciplinary Journal on Animal Feeling* 1(9): 13.

Damasio, A. R. 2000. *The Feeling of What Happens: Body and Emotion in the Making of Consciousness.* New York: Random House. 〔アントニオ・R・ダマシオ 著、田中三彦 訳『無意識の脳 自己意識の脳―身体と情動と感情の神秘』講談社、2003 年〕

Damasio, A. 2010. *Self Comes to Mind: Constructing the Conscious Brain.* New York: Vintage. 〔アントニオ・R・ダマシオ 著、山形浩生 訳『自己が心にやってくる―意識ある脳の構築』早川書房、2013 年〕

Damasio, A., H. Damasio, and D. Tranel. 2012. Persistence of feelings and sentience after bilateral damage of the insula. *Cerebral Cortex* 23: 833-846.

Damasio, A. R., T. J. Grabowski, A. Bechara, H. Damasio, L. L. Ponto, J. Parvizi, and R. D. Hichwa. 2000. Subcortical and cortical brain activity during the feeling of self-generated emotions. *Nature Neuroscience* 3(10): 1049-1056.

Dardis, A. 2008. *Mental Causation: The Mind-Body Problem.* New York: Columbia University Press.

Darmaillacq, A. S., L. Dickel, and J. Mather. 2014. *Cephalopod Cognition.* Cambridge: Cambridge University Press.

Davis, S. M., A. L. Thomas, K. J. Nomie, L. Huang, and H. A. Dierick. 2014. Tailless and Atrophin control *Drosophila* aggression by regulating neuropeptide signalling in the pars intercerebralis. *Nature Communications* 5:3177.

Deacon, T. W. 2011. *Incomplete Nature: How Mind Emerged from Matter.* New York: W. W. Norton.

De Arriba, M. D. C., and A. M. Pombal. 2007. Afferent connections of the optic tectum in lampreys: An experimental study. *Brain, Behavior and Evolution* 69:37-68.

logeny. *Behavioural Brain Research* 198(2): 267-272.

Campbell, D. T. 1974. Downward causation in hierarchically organized biological systems. In *Studies in the Philosophy of Biology*, ed. F. J. Ayala and T. Dobzhansky, 179-186. Berkeley: University of California Press.

Campos, C. A., A. J. Browen, C. W. Roman, and R. D. Palmitter. 2018. Encoding of danger by parabrachial CGRP neurons. *Nature* 555: 617-622.

Cannon, J. T., B. C. Vellutini, J. Smith, F. Ronquist, U. Jondelius, and A. Hejnol. 2016. Xenacoelomorpha is the sister group to Nephrozoa. *Nature* 530(7588): 89-93.

Carbone, C., and G. M. Narbonne. 2014. When life got smart: The evolution of behavioral complexity through the Ediacaran and early Cambrian of NW Canada. *Journal of Paleontology* 88(2): 309-330.

Cartron, L., A. S. Darmaillacq, and L. Dickel. 2013. The "prawn-in-the-tube" procedure: What do cuttlefish learn and memorize? *Behavioural Brain Research* 240:29-32.

Ceunen, E., J. W. Vlaeyen, and I. Van Diest. 2016. On the origin of interoception. *Frontiers in Psychology* 7:743.

Chalmers, D. J. 1995a. Facing up to the problem of consciousness. *Journal of Consciousness Studies* 2:200-219.

Chalmers, D. J. 1995b. The puzzle of conscious experience. *Scientific American* 273(6): 80-87.

Chalmers, D. J. 1996. *The Conscious Mind: In Search of a Fundamental Theory*. New York: Oxford University Press.〔デイヴィッド・J. チャーマーズ 著、林 一 訳『意識する心―脳と精神の根本理論を求めて』白揚社、2001 年〕

Chalmers, D. J. 2000. What is a neural correlate of consciousness? In *Neural Correlates of Consciousness: Empirical and Conceptual Questions*, ed. T. Metzinger, 17-40. Cambridge, MA: MIT Press.

Chalmers, D. J. 2006. Strong and weak emergence. In *The Re-emergence of Emergence*, ed. P. Clayton and P. Davies, 244-256. New York: Oxford University Press.

Chittka, L., and J. Niven. 2009. Are bigger brains better? *Current Biology* 19(21): R995-R1008.

Churchland, P. M. 1996. The rediscovery of light. *Journal of Philosophy* 93(5): 211-228.

Clark, A. 2013. Whatever next? Predictive brains, situated agents, and the future of cognitive science. *Behavioral and Brain Sciences* 36(03): 181-204.

Clayton, P. 2006. Conceptual foundations of emergence theory. In *The Re-emergence of Emergence*, ed. P. Clayton and P. Davies, 1-31. Oxford: Oxford University Press.

Comas, D., F. Petit, and T. Preat. 2004. Drosophila long-term memory formation involves regulation of cathepsin activity. *Nature* 430(6998): 460-463.

Cong, P., X. Ma, X. Hou, G. D. Edgecombe, and N. J. Strausfeld. 2014. Brain structure resolves the segmental affinity of anomalocaridid appendages. *Nature* 513:538-542.

Courtiol, E., and D. A. Wilson. 2014. Thalamic olfaction: Characterizing odor processing in the mediodorsal thalamus of the rat. *Journal of Neurophysiology* 111(6): 1274-1285.

Craig, A. D. 2003a. A new view of pain as a homeostatic emotion. *Trends in Neurosciences*

Divergent routing of positive and negative information from the amygdala during memory retrieval. *Neuron* 90(2): 348–361.

Bianco, I. H., and F. Engert. 2015. Visuomotor transformations underlying hunting behavior in zebrafish. *Current Biology* 25(7): 831–846.

Block, N. 2007. Consciousness, accessibility, and the mesh between psychology and neuroscience. *Behavioral and Brain Sciences* 30(5–6): 481–499.

Boly, M., A. K. Seth, M. Wilke, P. Ingmundson, B. Baars, S. Laureys, *et al.* 2013. Consciousness in humans and non-human animals: Recent advances and future directions. *Frontiers in Psychology* 4(625).

Bosch, T. C., A. Klimovich, T. Domazet-Lošo, S. Gründer, T. W. Holstein, G. Jékely, *et al.* 2017. Back to the basics: Cnidarians start to fire. *Trends in Neurosciences* 40:92–105.

Brembs, B. 2003a. Operant conditioning in invertebrates. *Current Opinion in Neurobiology* 13(6): 710–717.

Brembs, B. 2003b. Operant reward learning in Aplysia. *Current Directions in Psychological Science* 12(6): 218–221.

Brocks, J. J., A. J. Jarrett, E. Sirantoine, C. Hallmann, Y. Hoshino, and T. Liyanage. 2017. The rise of algae in Cryogenian oceans and the emergence of animals. *Nature* 548 (7669): 578–581.

Brodal, P. 2016. *The Central Nervous System: Structure and Function*. 5th ed. New York: Oxford University Press.

Bronfman, Z. Z., S. Ginsburg, and E. Jablonka. 2016. The transition to minimal consciousness through the evolution of associative learning. *Frontiers in Psychology*, December. https://doi.org/10.3389/fpsyg.2016.01954.

Brudzynski, S. M. 2014. The ascending mesolimbic cholinergic system — a specific division of the reticular activating system involved in the initiation of negative emotional states. *Journal of Molecular Neuroscience* 53(3): 436–445.

Bruiger, D. 2017. Can science explain consciousness? *Philosophical Papers*. https://philpapers.org/archive/DANCSE-2.pdf.

Bshary, R., and A. S. Grutter. 2006. Image scoring and cooperation in a cleaner fish mutualism. *Nature* 441(7096): 975–978.

Burghardt, G. M. 2005. *The Genesis of Animal Play: Testing the Limits*. Cambridge, MA: MIT Press.

Butler, A. B. 2008. Evolution of brains, cognition, and consciousness. *Brain Research Bulletin* 75(2): 442–449.

Butler, A. B., and R. M. Cotterill. 2006. Mammalian and avian neuroanatomy and the question of consciousness in birds. *Biological Bulletin* 211(2): 106–127.

Butler, A. B., and W. Hodos. 2005. *Comparative Vertebrate Neuroanatomy*. 2nd ed. Hoboken, NJ: Wiley Interscience.

Cabanac, M. 1996. On the origin of consciousness, a postulate and its corollary. *Neuroscience and Biobehavioral Reviews* 20(1): 33–40.

Cabanac, M., A. J. Cabanac, and A. Parent. 2009. The emergence of consciousness in phy-

ness — some amniote scenarios. In *Consciousness Transitions: Phylogenetic, Ontogenetic, and Physiological Aspects*, ed. H. Liljenstrom and P. Århem, 77–96. San Francisco: Elsevier.

Aru, J., T. Bachmann, W. Singer, and L. Melloni. 2012. Distilling the neural correlates of consciousness. *Neuroscience and Biobehavioral Reviews* 36(2): 737–746.

Baars, B. J. 1988. *A Cognitive Theory of Consciousness*. New York: Cambridge University Press.

Baars, B. J., S. Franklin, and T. Z. Ramsoy. 2013. Global workspace dynamics: Cortical "binding and propagation" enables conscious contents. *Frontiers in Psychology* 4(200).

Baars, B. J., and K. McGovern. 1996. Cognitive views of consciousness. In *The Science of Consciousness: Psychological, Neuropsychological, and Clinical Reviews*, ed. M. Velmans, 63–95. New York: Routledge.

Balcombe, J. 2016. *What a Fish Knows: The Inner Lives of Our Underwater Cousins*. New York: Macmillan. 〔ジョナサン・バルコム 著、桃井緑美子 訳『魚たちの愛すべき知的生活—何を感じ、何を考え、どう行動するか』白揚社、2018 年〕

Barrett, L. F., B. Mesquita, K. N. Ochsner, and J. J. Gross. 2007. The experience of emotion. *Annual Review of Psychology* 58: 373.

Barron, A. B., and C. Klein. 2016. What insects can tell us about the origins of consciousness. *Proceedings of the National Academy of Sciences of the United States of America* 113 (18): 4900–4908.

Baxter, D. A., and J. H. Byrne. 2006. Feeding behavior of *Aplysia*: A model system for comparing cellular mechanisms of classical and operant conditioning. *Learning and Memory* 13(6): 669–680.

Beckermann, A., H. Flohr, and J. Kim, eds. 1992. *Emergence or Reduction? Essays on the Prospects of Nonreductive Physicalism*. Berlin: Walter de Gruyter.

Bellono, N. W., D. B. Leitch, and D. Julius. 2017. Molecular basis of ancestral vertebrate electroreception. *Nature* 543(7645): 391–396.

Ben-Tov, M., O. Donchin, O. Ben-Shahar, and R. Segev. 2015. Pop-out in visual search of moving targets in the archer fish. *Nature Communications* 6(6476): 1–11.

Berlin, H. 2013. The brainstem begs the question: Petitio principii. *Neuro-psychoanalysis* 15 (1): 25–29.

Berridge, K. C., and M. L. Kringelbach. 2015. Pleasure systems in the brain. *Neuron* 86(3): 646–664.

Bethell, E. J. 2015. A "how-to" guide for designing judgment bias studies to assess captive animal welfare. In *Advancing Zoo Animal Welfare Science and Policy: Selected Papers from the Detroit Zoological Society 3rd International Symposium* (November 2014). Supplement, *Journal of Applied Animal Welfare Science* 18(S1): S18–S42.

Betley, J. N., S. Xu, Z. F. H. Cao, R. Gong, C. J. Magnus, Y. Yu, and S. M. Sternson. 2015. Neurons for hunger and thirst transmit a negative-valence teaching signal. *Nature* 521 (7551): 180–185.

Beyeler, A., P. Namburi, G. F. Glober, C. Simonnet, G. G. Calhoon, G. F. Conyers, *et al.* 2016.

引用文献

邦訳文献がある場合は〔　〕内に示す。

Abbott, A. 2015. Clever fish. *Nature* 521:413-414.

Abbott, N. J. 2004. Evidence for bulk flow of brain interstitial fluid: Significance for physiology and pathology. *Neurochemistry International* 45(4): 545-552.

Abramson, C. I., and R. D. Feinman. 1990. Lever-press conditioning in the crab. *Physiology and Behavior* 48(2): 267-272.

Adamo, S. A. 2016a. Do insects feel pain? A question at the intersection of animal behaviour, philosophy and robotics. *Animal Behaviour* 118: 75-79.

Adamo, S. 2016b. Subjective experience in insects: Definitions and other difficulties. *Animal Sentience: An Interdisciplinary Journal on Animal Feeling* 1(9): 15.

Ahl, V., and T. F. H. Allen. 1996. *Hierarchy Theory*. New York: Columbia University Press.

Akam, T., and D. M. Kullmann. 2014. Oscillatory multiplexing of population codes for selective communication in the mammalian brain. *Nature Reviews Neuroscience* 15(2): 111-122.

Aleman, B., and B. Merker. 2014. Consciousness without cortex: A hydranencephaly family survey. *Acta Paediatrica* 103(10): 1057-1065.

Allen, C., and M. Bekoff. 2010. Animal consciousness. In *The Blackwell Companion to Consciousness*, ed. M. Velmans and S. Schneider. Malden, MA: Blackwell.

Allen, T. F. H., and T. B. Starr. 1982. *Hierarchy: Perspectives for Ecological Complexity*. Chicago: University of Chicago Press.

Allen, W. E., L. A. DeNardo, M. Z. Chen, C. D. Liu, K. M. Loh, L. E. Fenno, *et al.* 2017. Thirst-associated preoptic neurons encode an aversive motivational drive. *Science* 357 (6356): 1149-1155.

Andersen, B. S., C. Jørgensen, S. Eliassen, and J. Giske. 2015. The proximate architecture for decision-making in fish. *Fish and Fisheries* 17:680-695.

Anderson, R. C., and J. A. Mather. 2007. The packaging problem: Bivalve prey selection and prey entry techniques of the octopus *Enteroctopus dofleini*. *Journal of Comparative Psychology* 121(3): 300.

Andrews, P. L., A. S. Darmaillacq, N. Dennison, I. G. Gleadall, P. Hawkins, J. B. Messenger, *et al.* 2013. The identification and management of pain, suffering, and distress in cephalopods, including anaesthesia, analgesia, and humane killing. *Journal of Experimental Marine Biology and Ecology* 447:46-64.

Arbib, M. A., and J. M. Fellous. 2004. Emotions: From brain to robot. *Trends in Cognitive Sciences* 8(12): 554-561.

Ardiel, E. L., and C. H. Rankin. 2010. An elegant mind: Learning and memory in *Caenorhabditis elegans*. *Learning and Memory* (Cold Spring Harbor, NY) 17(4): 191-201.

Århem, P., B. I. B. Lindahl, P. R. Manger, and A. B. Butler. 2008. On the origin of conscious-

ま　行

や　行

ら　行

な　行

は　行

索　引

⇒：別項目に移動せよ
→：別項目も参照せよ
太字のページ数は、重要な箇所または用語集見出し語。

著者略歴
トッド・E・ファインバーグ（Todd E. Feinberg）　M.D.（医師）、マウント・サイナイ医科大学。マウント・サイナイ医科大学教授。専門は意識科学、特に自我の精神医学。著書に *Altered egos: How the brain creates the self.* Oxford University Press, 2001.［邦訳：吉田利子訳『自我が揺らぐとき―脳はいかにして自己を創りだすのか』岩波書店、2002 年］、共編書に *Biophysics of consciousness: A foundational approach.* World Scientific, 2016. など。

ジョン・M・マラット（Jon M. Mallatt）　Ph.D. in Anatomy（解剖学博士）、シカゴ大学。ワシントン大学・アイダホ大学 WWAMI 医療教育プログラム准教授。専門は分子系統学や形態学、特に脊椎動物の解剖学。共著書に Human Anatomy (7th ed.). Pearson, 2014. など。

訳者略歴
鈴木大地（Daichi G. Suzuki）　博士（理学）、筑波大学。日本学術振興会特別研究員（自然科学研究機構生命創成探究センター）。博士号取得後、日本学術振興会海外特別研究員などを経て現職。専門は進化発生学や神経科学、特に初期脊椎動物の神経系の進化。生物学の哲学や心の哲学にも関心があり、哲学者との共同研究も行っている。

意識の神秘を暴く
脳と心の生命史

2020年4月20日　第1版第1刷発行

著　者　トッド・E・ファインバーグ
　　　　ジョン・M・マラット
訳　者　鈴木大地（すずきだいち）
発行者　井村寿人

発行所　株式会社　勁草書房（けいそう）
112-0005　東京都文京区水道2-1-1　振替　00150-2-175253
（編集）電話　03-3815-5277／FAX　03-3814-6968
（営業）電話　03-3814-6861／FAX　03-3814-6854
本文組版　プログレス・港北出版印刷・松岳社

ISBN978-4-326-15464-7　Printed in Japan

http://www.keisoshobo.co.jp